KB232678

청소년을 위한 해양인문학

청소년을 위한 해양인문학

초판 1쇄 발행 2024년 9월 20일

지은이 김하영 강기화 박그루 박미라 김은아 이상미 이영아 한세경
        홍정화 안미란 한정기 이윤길
엮은이 국립부경대학교 인문한국플러스사업단
펴낸이 권경옥
펴낸곳 해피북미디어
등록 2009년 9월 25일 제2017-000001호
주소 부산광역시 동래구 우장춘로68번길 22
전화 051-555-9684 | 팩스 051-507-7543
전자우편 bookskko@gmail.com

ISBN 978-89-98079-93-2 43450

* 책값은 뒤표지에 있습니다.
* 잘못된 책은 구입하신 곳에서 교환해드립니다.
* 이 책은 2017년 대한민국 교육부와 한국연구재단의 지원을 받아 수행된 연구임.
(NRF-2017S1A6A3A01079869)

부경대학교 해역인문학 기획도서 1

청소년을 위한 해양인문학

국립부경대학교 인문한국플러스사업단 엮음

지구 안의 우주, 12명의 작가가 들려주는
무궁무진한 바다이야기

해피북미디어

책을 펴내며

　국립부경대학교 인문한국플러스(HK+)사업단은 약 7년 동안 청소년을 대상으로 '바다인문학' 강연을 펼쳐 왔으며, 이 내용을 바탕으로 기획 교양총서 『청소년을 위한 해양인문학』을 발간한다.

　본 총서는 청소년들이 바다를 더욱 깊이 이해하고 사랑할 수 있도록 해양인문학의 다양한 측면을 흥미롭게 탐구한다. 해양 고전, 해양 환경, 해양 관광, 해양 과학이라는 네 가지 주제를 통해 바다의 역사, 문화, 생태, 과학 등 미래를 종합적으로 조망한다. 이는 청소년들이 바다의 중요성을 인식하고 해양 시대를 이끌어갈 주역으로 성장하는 데 밑거름이 될 것이다.

　이번 청소년 교양총서는 작가 12명이 한 꼭지씩 집필을 맡아 부별로 3편씩 4부 12편으로 구성돼 있다.

　1부는 바다를 이해하려는 연구나 문학적 상징을 품은 해양고전을 다룬다. 「자산어보로 떠나는 바다여행」에서는 정약전이 흑산도 유배 시절 집필한 『자산어보』를 소개한다. 『자산어보』

는 226종의 해양 생물 정보를 담은 우리나라 최초의 해양생물 백과사전으로, 오늘날 바다와 조선의 바다 생태가 어떻게 달라 졌는지 그 환경을 비교해 볼 수 있는 유일한 자료이다. 저자는 『자산어보』가 조선시대 해양 생물에 대한 인식과 생활, 문화를 엿볼 수 있는 귀중한 자료임을 설명한다. 「멸치의 꿈」은 멸치가 작고 연약하지만 대가족을 이루어 넓은 바다를 누비는 강인한 생물임을 소개한다. 멸치는 문학 작품 속에서도 다양한 상징과 의미를 지닌 존재로, 삶의 지혜와 교훈을 주고, 꿈과 희망을 발 견하게 해준다. 작고 평범한 멸치가 협동과 연대의 중요성, 자 연의 소중함, 꿈을 향한 희망 등 우리 삶에 대한 깊은 성찰을 이 끌어내는 존재임을 소개한다. 「15소년 표류기」는 100톤급 요트 슬루기호를 탄 15명의 소년들이 표류하여 무인도에 도착하고 2 년 만에 고향으로 돌아가는 모험 이야기이다. 청소년들의 모험 심과 협동심을 자극하며, 바다에서의 생존과 자연의 위대함을 보여준다. 그리고 미지의 세계에 대한 탐험과 개척, 소년들의 성장 이야기를 통해 독자들에게 깊은 감동과 재미 선사함을 이 야기한다.

이어 2부에서는 바다의 환경적 중요성과 취약성을 강조하고 새로운 통찰력을 제공하는 관점을 다룬다. 「낙동강 하구의 쇠 제비갈매기를 구해줘!」에서는 낙동강 하구가 쇠제비갈매기의 중요한 서식지임을 설명한다. 쇠제비갈매기의 생태와 낙동강 하구의 환경 문제를 통해 인간과 자연의 공존을 고민하고, 생물 다양성 보전의 중요성을 깨달을 수 있음을 들려준다. 「위대한 한국의 갯벌」에서는 갯벌이 다양한 생물의 서식지이자 생태계의 균형을 유지하는 역할을 하며, 유기물 정화, 수산물 생산, 해안 보호, 탄소 저장 등 다양한 기능을 수행하는 데 대해서 소개한다. 특히 한국의 갯벌은 생물 다양성이 뛰어나 세계적으로 중요한 위치를 차지하나 간척 사업과 환경오염으로 인해 갯벌이 파괴되고 있어 인간의 삶에도 영향을 미친다는 사실을 강조한다. 「푸른바다거북은 어쩌다 비닐을 삼켰을까?」에서는 해양 플라스틱 오염으로 푸른바다거북의 생존이 위협받고 있음을 이야기한다. 플라스틱은 해양 생물에게 피해를 주고, 미세 플라스틱은 인간에게도 악영향을 미친다. 푸른바다거북은 플라스틱을 먹이로 착각하여 섭취하고 있으며, 이는 푸른바다거북의 생존을 위협하는 주요 원인 중 하나이기에, 해양 쓰레기 문제 해결을 위해서는 개인의 노력과 국제적 협력이 필요함을 강조한다.

3부에서는 기존의 관점이 아닌 관광의 측면에서 해양자원을 즐김으로써 바다를 새로이 들여다보는 시선을 다룬다. 「낙동강 하구 생태관광이란?」에서는 낙동강 하구가 다양한 생태자원과 문화자원을 보유한 국내 대표 생태관광 지역임을 소개한다. 철새들의 서식지이자 다양한 생물이 살아가는 낙동강 하구는 자연을 체험하고 학습하며 즐길 수 있는 다양한 생태관광 프로그램을 제공한다. 낙동강 하구 생태관광의 지속 가능성을 위해서는 지역주민의 참여와 방문객의 책임 있는 관광이 중요함을 알려준다. 「중국의 해양관광-바다로 뛰어든 별을 찾아서」는 중국이 지역별 특색 있는 음식 문화가 발달했고, 해양관광을 미래 성장 동력으로 삼고 있음을 소개한다. 상하이, 칭다오, 싼야는 각각 다양한 볼거리와 아름다운 자연환경을 자랑하는 대표적인 해양관광 도시로서 중국이 해양관광 콘텐츠 개발에 힘쓰며 관광객 유치에 적극적으로 나서고 있음을 설명한다. 「부산의 해양관광-크루즈와 함께 여행을 떠나요」에서는 부산이 아름다운 해변과 해양 문화를 기반으로 크루즈 관광을 활성화하며 글로벌 해양 도시로 성장하고 있음을 설명한다. 또한 MZ세대의 크루즈 여행 수요 증가에 힘입어 다양한 맞춤형 상품 개발과 크루즈 모항 유치를 통해 지역 경제 활성화에 기여하고 있음을 얘기한다.

마지막으로 4부는 바다 생태계의 복잡한 상호작용을 더욱 깊이 파악하고 다양한 측면을 탐구하는 여러 가지 과학적 접근법을 다룬다. 「드론, 바다생물을 보다」에서는 드론은 갯벌 연구, 극지 연구, 심해 연구 등 사람이 접근하기 어려운 해양 연구에 유용하게 활용될 수 있음을 설명한다. 넓은 지역을 빠르게 조사하고 멸종 위기종 개체 수 파악, 데이터 수집 등에 활용되지만 배터리 용량, 통신 기술 등 해결해야 할 문제점들이 남아 있으며 특히 드론을 활용한 바다 생물 연구가 더욱 발전하기 위해서는 통신기술의 발달이 뒷받침되어야 함을 강조한다. 「지구온난화는 바다생물과 우리에게 어떤 영향을 줄까요?」는 지구온난화로 인해 해수 온도 상승, 해류 변화 등 해양 생태계가 변화하고 있으며, 섬나라들은 수몰 위기에 처해 있음을 설명한다. 바다 어종 변화, 산호초 파괴, 초대형 태풍 등도 지구온난화의 영향이므로 화석 연료 사용 감소, 신재생 에너지 생산 증가 등 지구 온난화를 막기 위한 노력이 시급함을 강조한다. 「내가 Green 지구, 내가 품은 바다」에서는 원양어선 선장에서 국제옵서버로 변신한 저자가 불법 조업 감시, 멸종 위기종 보호, 해양 생물 데이터 수집 등을 통해 해양 생태계 보호에 앞장서고 있음을 소개한다. 과거 바다를 파괴했던 것을 후회하며, 이제는 바다를 지키는 사명을 다하기 위해 헌신하고 있는 저자의 이야기는 바다의 소중함과 지속 가능한 이용의 중요성을 일깨워준다.

약 7년 동안 청소년 해역인문학 업무를 진행하며, 인문 강좌 프로그램을 구상하고 실천하면서 바다 인문학의 중요성을 깊이 깨닫게 되었다. 학교별, 대상별 맞춤형 프로그램을 통해 청소년들이 바다를 단순히 즐기는 공간을 넘어, 역사와 문화, 생태와 환경, 그리고 미래 가치까지 아우르는 종합적인 시각으로 바라볼 수 있도록 돕는 데 힘써왔다.

이 책은 그러한 노력의 결실이자, 바다 인문학 대중화를 위한 또 다른 발걸음이다. 딱딱하고 어려운 해양학문이라는 편견을 깨고, 청소년들이 흥미를 느끼고 쉽게 접근할 수 있도록 다양

한 이야기와 정보를 담았다. 이 책을 통해 더 많은 청소년들이
바다의 매력에 빠져들고, 바다를 사랑하고 아끼는 마음을 키워
나가기를 바란다. 바다는 무한한 가능성을 품고 있는 미래의
공간이다. 청소년들이 바다를 깊이 이해하고 탐구하며, 해양 시
대를 이끌어갈 꿈을 키워나가는 데 이 책이 작은 디딤돌이 되기
를 바란다.

국립부경대학교 인문사회과학연구소 HK연구교수
공미희

차례

1부

해양고전

자산어보로 떠나는
바다여행

우리나라 최초의 해양생물 백과사전

"어, 저 물고기 이름이 뭐지?"

궁금해하는 순간, 스마트폰 하나면 이름부터 생태까지 다 알 수 있는 시대에 우리는 살고 있다. 스마트폰이 나오기 전엔 두꺼운 물고기 백과사전을 뒤져가며 알고 싶은 걸 찾았다.

그럼 우리나라엔 언제부터 물고기 백과사전이 있었을까?

200여 년 전, 조선 시대에 무려 3권의 물고기 사전이 있었다. 김려의 『우해이어보』와 서유구의 『난호어목지』, 그리고 정약전의 『자산어보』이다.

1803년 등장한 김려의 『우해이어보』는 우리나라 최초의 어보로, 53종의 어류와 19종의 갑각류와 패류, 시 39편이 기록되어 있다. 하지만 이 책은 우해(진해) 인근의 어류 등 일부만 다루었을 뿐 체계가 따로 없어 백과사전이라 하기는 어렵다.

1820년경 서유구가 집필한 『난호어묵지』는 154종의 해양생물을 종류별로 분류했다. 다만 잡고 다루는 방법에 집중하고 있어 사전으로서 한계가 있다.

이에 반해 1814년 완성된 정약전의 『자산어보』는 해양생물을 총 55류로 나누고, 그 아래로 총 226종을 다루고 체계적으로 설명하고 있다. 해당 생물의 명칭을 표제어로 하고, 속명, 크기, 형태, 색, 외형적 특징, 생태, 맛, 이용법, 어획 시기, 어획 방법, 용도, 섬사람의 경험담, 문헌 고증 등의 순서로 쓰여 있다. 그래서 『자산어보』를 우리나라 최초의 해양생물 백과사전으로 본다.

정약전이 『자산어보』를 쓴 이유

조선은 임진왜란과 병자호란이라는 큰 전쟁으로 정치, 경제적으로 많은 변화를 겪었다. 정치적으로는 전쟁에서 공을 세우거나 곡식을 바친 사람들에게 공명첩을 내주면서 신분의 벽을 넘는 게 쉬워졌다. 경제적으로는 농업 기술의 발전과 상업의 발달로 부자 상인이 늘어난 반면 경제적 능력이 없어 가난에 허덕이는 양반들이 생겨났다.

이때 명나라, 청나라에 프랑스와 독일의 신부들이 천주교를 전파하고 서양의 과학기술과 문물을 소개하였는데 그 물결이 조선까지 넘어오게 된다. 천주교와 서학은 돈을 버는 것이 떳떳한 일이며 누구나 평등하다는 사상으로 상인과 여성, 일부 학자들 사이에 퍼져 나갔다. 그로 인하여 신분 질서, 예의범절, 명분을 중요시하기보다는 실생활에 도움이 되는 학문을 연구하는 학자들이 나타나기 시작하였다. 그들을 실학자라 불렀으며 정약전과 동생 정약용도 그러했다.

정약전은 규장각에 근무하던 시절, 수학과 과학을 좋아하여 테렌츠의 『기기도설』(서양 물리학의 기초 개념, 도르래의 원리 등이 실려 있는 책)과 왕징의 『제기도설』을 읽었다. 그러다 이벽을 통해 기하학원론을 익히며 받아들였는데 그때 정약용과 함께 천주교리를 접했다.

1801년 신유박해로 정약전과 동생 정약용은 붙잡히고, 천주교를 믿지 않겠다고 약속한 후 머나먼 귀양길에 올랐다. 동생 정약용은 육지인 전라남도 강진으로, 정약전은 외딴섬 흑산도로 떠났다.

정약전이 흑산도에 도착한 직후에는 흑산도 사람들의 냉랭함을 마주해야 했다. 조상과 부모의 제사를 거부하는 천주학쟁이는 조선 백성들조차 몹쓸 죄인으로 여겼기 때문이다. 유배를 오면 스스로 먹고살아야 하기에 정약전은 '서촌서당'을 열어 공부하고자 하는 아이들을 받아 가르쳤다. 친화력이 좋고 호탕한 성격의 정약전은 섬사람들과 금세 친해졌다.

그런데 어쩌다 한양 사람인 정약전은 『자산어보』를 쓰게 되었을까?

정약전은 수많은 해양생물을 눈앞에 두고도 제대로 사용하지 못하고 가난하게 살아가는 섬사람들이 안타까웠다. 무엇보다도 흑산도의 해양생물들이 다양함에도 불구하고 알려진 이름이 없어 어보를 만들고 싶어 했다. 그래서 흑산도 해양생물을 연구하고 고대부터 내려온 지식을 정리하였다고 한다. 그렇게 우리나라 최초의 해양생물 백과사전이 된 『자산어보』 서문에는 다음과 같은 집필 동기가 드러나 있다.

후대의 군자가 이 책을 기본으로 삼아 덧붙이고 보충해 쓴다면 이 책은 병을 치료하는 데 도움이 될 것이고, 여기저기 쓸모가 많을 것이고, 재산을 잘 관리하는 데 있어 도움이 될 것이며, 시인이 시를 쓰는 데도 지금까지 몰랐던 것을 알 수 있게 도와줄 것이다.

영화 <자산어보>의 한 장면.
흑산도로 유배된 정약전(설경구 분·오른쪽)과
자산어보 집필을 도운 현지 청년 창대(변요한 분)의
이야기이다.

정약전이 『자산어보』를 쓰는 데 큰 힘이 된 두 가지 요소가 있다. 하나는 발견한 연구대상의 색깔이나 살아가는 방식 등을 자세히 관찰하는 자세이고, 또 다른 하나는 형제들의 응원이다. 형제

중 유난히 물고기에 관심이 많았던 정약전은 다른 형제들과 함께 물고기를 잡는 순간을 행복으로 느꼈다. 형제들은 이런 정약전을 응원했다.

하지만 아무리 물고기를 좋아하고 관찰 실력이 좋다고 한들 한양에서 온 정약전이 바다와 자연에 대해 깊이 알지 못하는 건 당연한 일이다. 그런 정약전을 장창대가 도왔다. 장창대는 학문이 깊진 않지만 광범위한 해양생물 지식을 체득하고 있었고 궁금한 게 있으면 해부까지 해서라도 알아내야만 직성이 풀리는 사람이었다. 무엇보다 실생활에 필요한 지식을 중히 여기는 정약전과 마음이 잘 맞아, 해양생물 자료를 연구하고 『자산어보』를 쓰는 데 큰 도움을 주었다.

『자산어보』의 구성

3권 1책으로 구성된 『자산어보』는 생물마다 서식하는 장소와 그 쓰임새를 네 개의 큰 항목 아래 비슷한 종류끼리 묶어 총 55류로 나눈 뒤, 226종을 설명한다. 저작 동기와 저작 과정, 효용성을 서두에 밝히고 제1권은 인류(비늘이 있는 어류, 20류, 72종), 제2권은 무린류(비늘이 없는 어류, 19류, 43종) 및 개류(껍데기가 있는 어류, 12류, 66종), 제3권은 바다와 그 근처에 사는 벌레, 새, 식물들을 포함한 잡류(기타 해양생물류, 해충 4종·해금 5종·해수 1종·해초 35종)를 순서대로 분류하고 있다.

이처럼 어류를 인류, 무린류, 개류로 나누는 분류법은『자산어보』가 최초다. 그리고 서문에서 밝히고 있듯, 연구 대상의 해양생물들 이름을 정약전이 직접 지었다는 점도 놀랄 일이다. 물고기의 길이가 소의 혀와 아주 비슷하다 하여 '우설접'으로 명명하고, 누린내가 나는 접어는 '전접', 몸뚱이가 수척한 접어는 '수접'이라 지었다. 해양생물의 특징이 그대로 드러나면서 상위 범주의 명칭이 포함되도록 이름을 만들었다는 점이 경이롭다.

『자산어보』는 조선시대에 나왔던 해양생물 연구 중에서 가장 많은 종에 대한 지식을 체계적으로 정리하고 있다. 중국의 〈민증해착소〉(1596년, 257종) 다음이다.

18세기까지 해양생물 연구는 대개 한자, 한글 명칭의 관계로 확정하거나 음식과 약으로서의 유용성, 어류 관련 주변 이야기를 소개하는 정도에 그친다. 그에 반해『자산어보』는 독립적으로 저술되었으며 중국 문헌을 기준으로 삼지 아니하고 우리나라 해양생물 지식을 학문으로 탄생시켰다.

그러면 여기에서 짚어보자. 정약전과 그가『자산어보』를 쓰는 데 많은 도움을 준 정약용은 어떤 관계였을까? 둘은 형제지간이라기보다는 학문을 함께 토론하는 동료이자 조언자에 가까웠다. 정약용 또한 많은 고민을 형인 정약전과 의논하는 등 생각을 주고받았다.

『자산어보』에 삽화가 그려져 있지 않은 안타까운 이유도 여기에 있다. 정약전이 자산어보를 집필할 당시 동생 정약용에게 그림을 넣으면 더 좋지 않겠냐고 의견을 물었다. 그러자 정약용은 글로 쓰는 것이 그림을 그려 색칠하는 것보다 나을 것이라고 답했다. 정약용의 조언을 따라 글로만 집필한 결과, 당시의 방언과 옛말을 제대로 해석할 수 없는 지점이 있어 현대 과학자들에겐 많은 아쉬움을 남기고 있다.

그럼에도 『자산어보』에는 해양생물의 모양새만 서술하는 대신 실용적인 면, 유학적인 면을 함께 병기하고 있어 책의 쓰임새가 무척 많았음을 알 수 있다.

예를 들어 고래에 대해 적은 대목을 살펴보자. 고기를 쪄 기름을 짜면 10여 독을 얻고 눈은 등잔으로 만들고 수염은 자를 만들며 등뼈는 절구를 만들 수 있다고 쓰여 있다. 오징어의 경우 먹물로 글씨를 쓰면 빛깔이 매우 윤기가 나지만 오래되면 벗겨져서 흔적이 없어진다고 한다. 오징어 뼈는 상처를 아물게 하고 새 살을 만들어 내며 당나귀나 말의 등창을 고친다고 쓰여 있다. 전복의 경우 유학적 이야기가 쓰여 있다. 전복을 먹으려던 들쥐가 전복 등에 올라탔다가 전복이 웅크리자 등에 탄 쥐의 꼬리가 말려든다. 그때 바닷물이 밀려오면서 쥐는 물에 빠져 죽는다는 내용으로, 이는 다른 사람을 해치려는 사람에게 경고를 주고 있다.

삼면이 바다로 둘러싸인 반도이면서 중위도에 위치한 우리나라는 난류와 한류가 교차하는 지점에 있다. 그 덕분에 우리나라는 풍부한 어장을 형성하고 있다. 『자산어보』를 썼던 조선 시대의 물고기들이 지금 우리 연안에서 잡히고 있을까? 아쉽게 도 그렇지 않다. 기후 변화로 인하여 해류의 흐름이 바뀌었고, 이상 기온으로 해수의 수온이 높아져서 어장의 물고기들도 바뀌고 있다. 90년대 초까지 많이 잡히던 고등어와 오징어는 지금 동해에선 구하기 어려운 어종이 되었다. 그 이외에도 일지말락 쏠치, 샛돔, 독가시치를 포함한 16종은 열대 아열대 지역에 서 식하는 어류이지만 최근 환경변화로 인해 흑산도 주변 해역에 서 출현하고 있다고 한다.

지금부터 계절별 바닷속을 여행하며 『자산어보』 속 해양생물 을 살펴보자. 수산 시장에서 흔히 볼 수 있는 해양생물들이다.

벚꽃이 활짝 핀 봄 바다

바다의 여왕, 참돔

길이는 50cm~1m. 등 전체가 붉고, 꼬리가 넓적하며 눈이 크 다. 강한 이빨로 새우, 오징어, 게, 성게, 불가사리까지도 부숴 먹는다. 빛깔이 곱고 전체적으로 비율이 좋으며 비늘도 가지런 하여 '바다의 여왕'이라고 불린다. 제사상, 잔칫상에 절대 빠지 지 않는다.

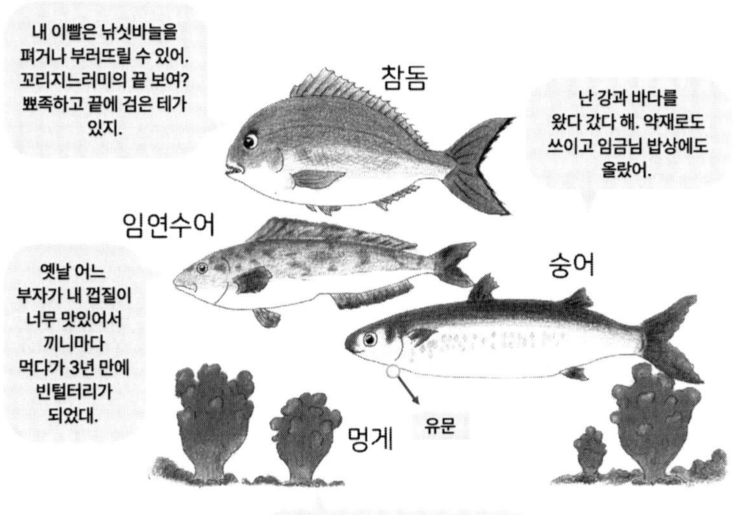

참돔, 임연수어, 숭어, 멍게

배꼽이 있는 물고기, 숭어

길이는 약 80cm, 몸통이 둥글고 검다. 한반도 전역이 서식지다. 제철은 10~2월로, 따뜻한 바다로 나갔다가 봄에 강 하류로 돌아온다. 민물과 바닷물을 오가며 진흙을 먹는다. 배꼽이라 불리는 유문(위의 출구)이 몸 아랫부분에 주판알만 한 크기로 몸 밖에 튀어나와 있다.

낚시꾼 이름을 붙인 물고기, 임연수어

길이는 30~50cm로 전체적으로 늘씬하다. 등지느러미 중간 중간이 패어 있다. 명태 새끼인 노가리를 많이 잡아먹어 어부들이 싫어한다. 200m나 되는 깊고 차가운 물에서 살며 '새치'라고 불리는 동해 물고기다. 임연수라는 낚시꾼이 잘 낚는 물고기라 붙여진 이름이다.

바다의 꽃, 멍게

원래 이름은 우렁쉥이다. 다이어트에 좋다. 바다의 꽃으로 불린다.

식탁의 감초, 멸치

육수, 멸치젓, 소금구이, 회로 별미이기에 식탁의 감초라 불린다. 멸치는 "물 밖으로 나오면 금방 죽는다"는 뜻에서 나온 이름이다. 빛깔은 청백색이며 6월 초 연안에 나타나 서리 내릴 때 물러간다.

다리 8개, 주꾸미

봄에 태어나 일 년 뒤 봄에 알을 품는 1년 살이다. 다리 8개가 몸통보다 2배 정도 길게 붙어 있다. 길이는 20cm이다. 수심 10m 연안의 바위틈이나 구멍에 숨어 지낸다. 눈 아래에 바퀴 모양의 금색 동그란 무늬가 있다.

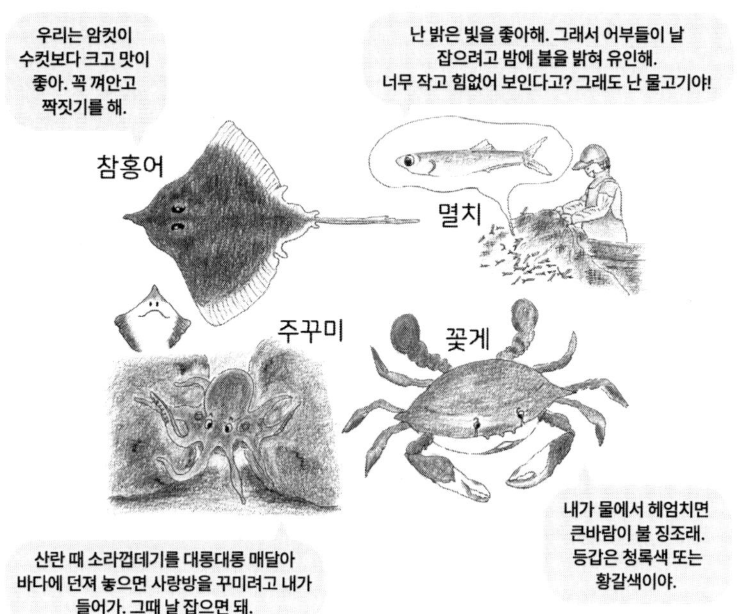

참홍어, 멸치, 주꾸미, 꽃게

헤엄치는 게, 꽃게

꽃게만 유독 헤엄을 잘 쳐서 '헤엄치는 게'라고 불린다. 전 해역에 분포하며 길이는 25cm 정도다. 집게다리는 모래 속에 숨어 있다가 먹이를 공격할 때 사용한다. 산란기는 6~8월인데 이때 꽃게를 잡을 수 없는 시기로 정해 놓고 있다.

알싸한 맛의 삭힌 홍어, 참홍어

눈은 등 위에, 콧구멍과 입은 배에 붙어 있다. 몸통은 납작하고 마름모꼴이다. 꼬리에 가시가 있으니 조심해야 한다. 개펄을 흡입하여 동물성 플랑크톤 등을 섭취한다. 바닥에 배를 붙이고 가슴지느러미를 날갯짓하듯 헤엄친다. 참홍어에서 나는 톡 쏘는 냄새는 요소가 암모니아로 변하면서 나는 냄새이지 고기가 썩은 게 아니다.

뜨거운 태양이 내리쬐는 여름 바다

'뿌우욱 뿍' 소리 내는, 민어

전체적으로 큰 몸집에 어두운 흑갈색을 띠며 온몸이 은빛 비늘로 덮여 있다. 서해와 남해에만 있고 동해에는 없는 물고기다. 수심 15~100m 펄 바닥에서 살며 7~9월에 알을 낳는다. 더위에 지친 기력을 회복시키는 효력이 있다.

날씬한 물고기, 농어

길이 50~90cm로 몸은 길고 옆으론 납작하며 입이 크다. 물고기의 전형적인 8등신으로 불릴 만큼 날씬하다. 농어는 단백질 함량이 높아 여름 대표 보양식이다.

입 작은 물고기, 병어

길이는 20~60cm다. 머리가 작고 몸통에 딱 붙어 있는데 입이

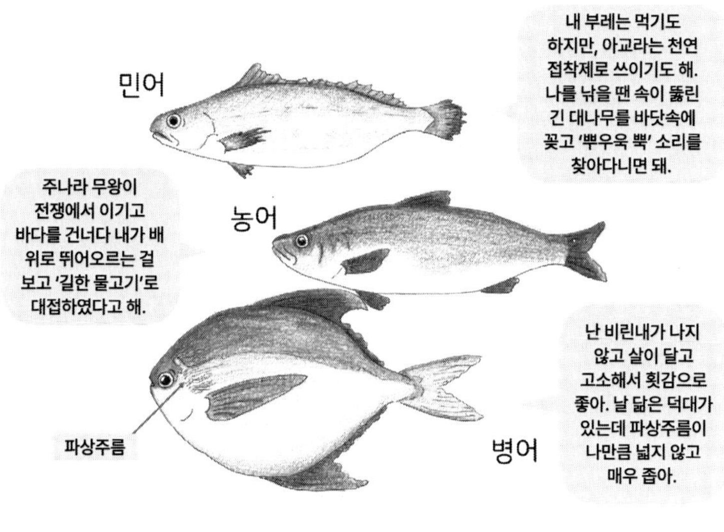

민어, 농어, 병어

매우 작다. 등이 볼록하고 배가 튀어나왔으며 희고 푸른 빛을 낸다. 등과 머리 연결 부위에 있는 파상주름의 범위가 넓다.

종류 많은, 장어

4종류의 장어가 있다. 먹장어(꼼장어)는 흡반처럼 생긴 입을 이용해 죽은 물고기나 오징어의 살과 내장을 녹여 빨아 먹는다. 길이는 50~60cm다. 갯장어는 양턱에 이빨이 날카롭게 두 줄 나 있는데 송곳니에 물리면 구멍이 날 수도 있다. 붕장어(아

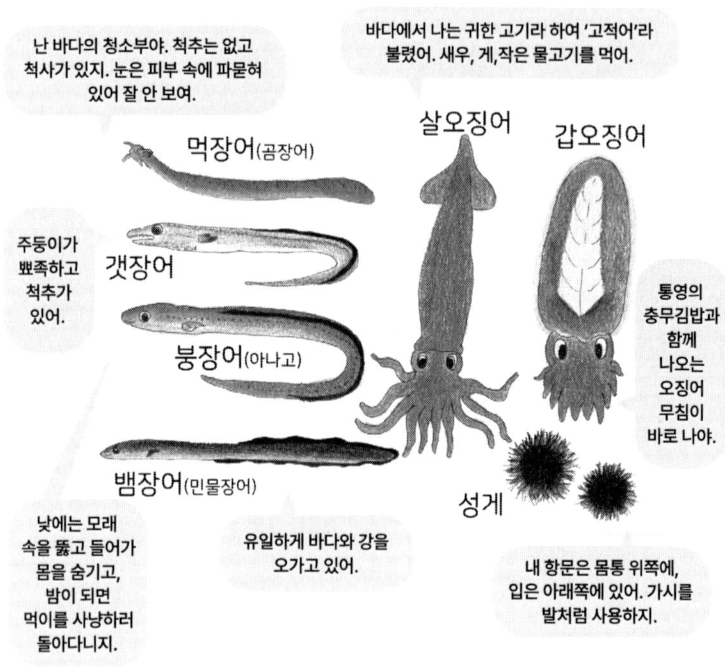

먹장어, 갯장어, 붕장어, 뱀장어, 살오징어, 갑오징어, 성게

나고)는 주둥이가 뭉툭하며 머리에서 항문까지 구멍이 약 40여 개 또렷이 나 있다. 길이는 암컷이 90cm, 수컷은 40cm다. 뱀장어(민물장어)는 유생기 때는 민물에서 5~12년을 생활하다가 자라면 자신이 태어난 2,000~3,000m의 심해로 가 알을 낳고 수정을 마친 후 죽는다.

오징어

물 위에 죽은 척하고 떠 있다가 까마귀가 덤비면 재빨리 다리로 감아 물속으로 끌고 들어간다고 하여 오적어라 불린다. 오징어는 위협을 느끼면 몸의 색깔을 바꾸거나 제트추진기를 발사하는 방식으로 도망간다. 우리나라 전 연안에 서식하며 식용으로 제일 많이 사용되는 오징어가 바로 살오징어다. 부드러운 식감으로 값비싼 오징어인 갑오징어는 주로 서해와 남해(여수)에 대량 서식한다. 봄과 가을이 제철이다. 다리가 짧은 게 특징이다.

성게

둥글고 밤송이처럼 몸 전체에 가시가 나 있다. 5, 6월 남해, 동해에서 많이 채취된다.

알록달록 단풍이 물든 가을 바다

싸고 영양가 높은, 고등어

보리처럼 영양가 높고 싸서 '바다의 보리'다. 전 해역에 분포되어 있다. 얕은 물에서 살아 육질이 연하다. 고등어는 낚아 올리는 즉시 죽고 붉은 살 부분의 부패가 빠르게 일어난다.

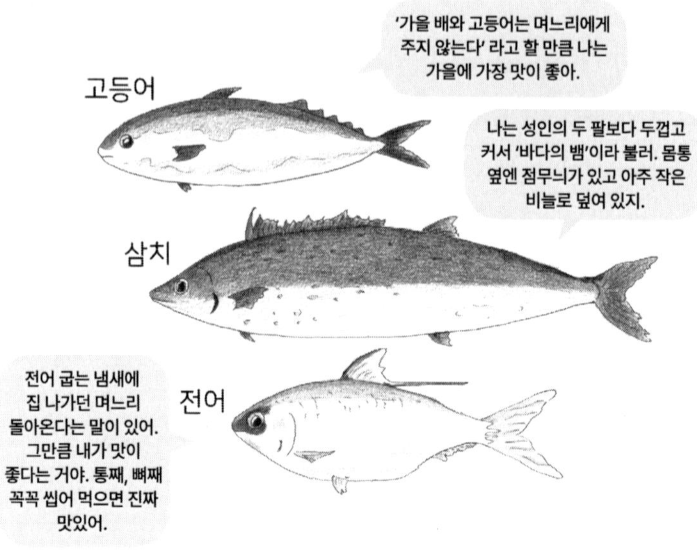

고등어, 삼치, 전어

바다의 뱀, 삼치

길이가 무려 1m다. 고등어보다 살이 부드럽다. 눈이 맑고 투명하며 몸이 반짝반짝 빛이 나고 등쪽은 회색 띤 청색, 배는 은백색이다.

성질 급한, 전어

'가을 전어 머리엔 깨가 서말'이라는 속담이 있다. 그만큼 고소한 맛이 강하다. 길이는 25cm이며 입이 작고 비늘이 겹겹이 붙어 있어 은백색으로 광택이 난다.

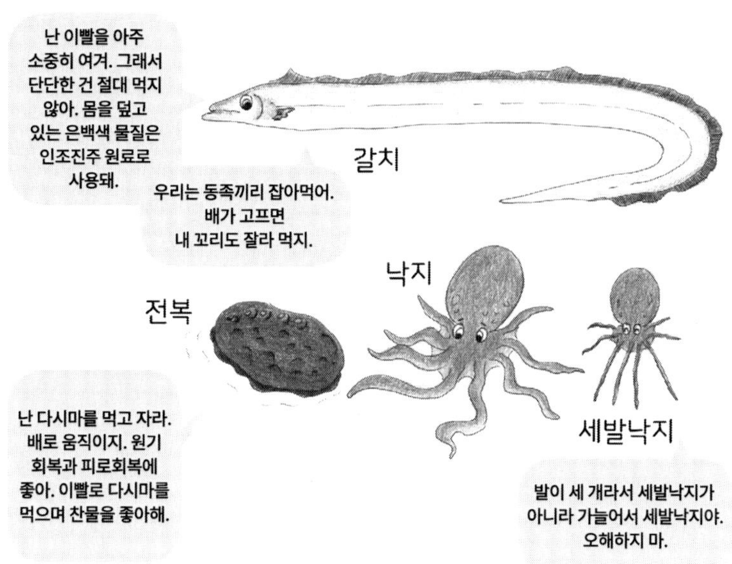

갈치, 전복, 낙지, 세발낙지

꼿꼿이 서서 자는, 갈치

긴 칼 같은 모양에 이빨이 단단하다. 먼바다에 살며 8~9월 산란기가 되면 얕은 바다로 온다. 모성애가 강해 알이 부화할 때까지 먹지 않는다. 꼿꼿이 선 채로 움직이며 서서 잔다.

조개류의 황제, 전복

껍데기에 다섯 개의 구멍이 있는데 이곳으로 호흡을 한다. 전라도 완도와 진도 일대에서 대량 양식을 하고 있다. 조개류 중에 가장 맛 좋고 비싸고 귀하여 '조개류의 황제'라 불린다.

낙지

1년생이며 주로 갯벌에 구멍을 파고 알을 낳는다.

찬바람이 쌩 부는 겨울 바다

바다의 카멜레온, 넙치

넙치는 광어와 도다리로 나뉜다. 광어는 모랫바닥에 엎드려 살며 주변 색을 그대로 흉내 내어 별명이 '바다의 카멜레온'이다.

이름 부자, 명태

이름 부자라 불린다. 갓 잡은 명태는 생태, 어린 명태는 노가리, 반쯤 말린 명태는 코다리, 얼린 명태는 동태, 대관령이나 미시령에서 겨울에 얼리고 녹이기를 반복하여 말린 명태는 황태, 그냥 말린 명태는 북어다. 차가운 물에서 사는 명태는 지구온난화로 수온이 높아져 동해를 떠나 북쪽으로 이동했다.

인기 많은, 방어

등이 파랗고 몸통에는 머리부터 꼬리까지 노란 줄이 나 있다. 꼬리를 포함한 모든 지느러미가 노랗다. 가슴지느러미와 배지느러미의 길이가 같다. 길이가 1.5m까지 자란다.

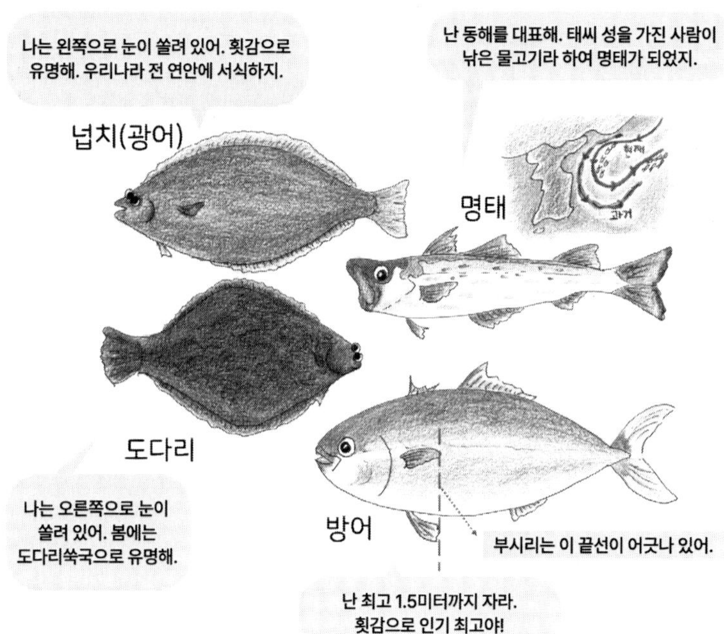

넙치, 도다리, 명태, 방어

못생겼지만 버릴 게 없는, 아귀

입이 커서 아무거나 덥석 먹는다고 지어진 이름. 입 바로 위쪽에 안테나 모양의 촉수로 물고기를 유인하여 통째로 삼켜버린다. 껍질, 간장, 아가미, 난소, 위, 꼬리지느러미, 볼 살 등 일곱 부위를 요리 재료로 사용하기에 버릴 것이 없는 물고기다.

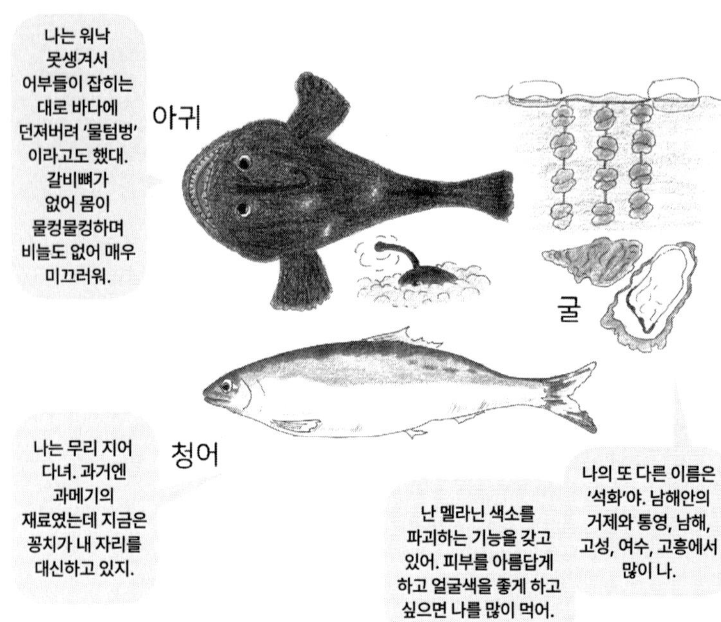

아귀, 청어, 굴

예전 과메기의 재료, 청어

몸의 등쪽은 짙은 청색, 옆구리와 배는 은백색을 띤다. 정어리와 비슷하게 생겼지만 몸이 높고 배가 납작하다. 아래턱이 튀어나온 게 특징이며 길이는 35cm 정도다. 제철은 겨울에서 초봄까지다.

바다의 우유, 굴

굴의 성장 속도는 6~7개월이면 된다. '바다에서 나는 우유'

라고 불릴 만큼 영양학적으로 우수한 식품이다. 껍질은 한방에
서 약으로 쓰이기도 한다.

『자산어보』가 지닌 가치

『자산어보』는 오늘날 바다와 조선의 바다 생태가 어떻게 달
라졌는지 환경을 비교해 볼 수 있는 유일한 자료로 그 가치가
깊다. 오늘날 물의 온도와 흐름의 변화로 우리나라 인근 해역
에서 오징어와 명태, 고등어 대신 아열대성 물고기들이 잡히고
있다는 현실만 놓고 봐도 그렇다.

또한 당시 지방에서 불리던 물고기 이름과 조선시대 물고기
의 속명 즉 원래 이름을 알 수 있다는 점에서도 학술적 가치가
뛰어나다. 더불어 병에 따라 어떤 물고기가 효과가 있으며 상
처에 따라 해양생물을 어떻게 쓰면 좋은지 의학적인 쓰임새를
알려주고 있어 조선시대 의학 분야를 연구하는 데 많은 도움을
주고 있다. 아울러 조선 과학사에 있어 최초로 유와 종을 분류
하려 시도하였다는 점에서 좋은 평가를 받고 있다.

김하영

멸치의 꿈

대가족이 함께 다니는 멸치

예야 예에야 예야 이이야- 고기 많이 들어왔다 예에야 예야-

예야 예에야 다 들어간다- 힘들 내자 힘들 내자 예야-

멸치 후리는 소리에 맞춰 그물을 들어 올리면 '억' 소리 나는 멸치 떼가 한꺼번에 잡혀 올라옵니다. 펄떡이는 은빛 멸치의 모습은 우렁찬 노동요에 맞춰 춤을 추는 듯합니다. 예전에는 여러 사람이 함께 모여 멸치잡이를 나갔습니다. 다 같이 노래하며 손발 맞춰 멸치를 잡는 모습은 마치 축제의 현장에 와 있는 것 같았지요. 1960년대 들어 현대적인 어로 방식이 도입되면서 점차 전통적인 방식이 자취를 감추었지만 남해 미조항 멸치 축제, 기장 대변항 멸치 축제 등에서 신명 나는 멸치잡이 노래를 들을 수 있습니다. 지금은 빛을 좋아하는 멸치의 성질을 이용해

대변항 멸치 축제

멸치를 잡습니다.

이렇게 잡힌 멸치는 멸치회, 멸치찌개, 멸치젓, 멸치볶음 등으로 우리 식탁에 오릅니다. 멸치 우린 물과 멸치 가루는 여러 요리에 감칠맛을 내는 데 훌륭한 재료가 됩니다. 멸치는 단백질과 칼슘이 풍부해서 몸에 좋은 건강식품이지요. 특히 우리 몸 무게의 1.5~2%를 차지하는 칼슘이 부족하면 신경이 예민해지고 성격이 급해진다고 하니 멸치는 정신 건강에도 아주 훌륭한 먹거리입니다.

오늘날 멸치는 우리에게 친근한 먹거리이지만 6,600만 년 전 공룡이 멸종한 이후 나타난 고대 멸치는 커다란 덩치와 날카로운 이빨로 먹잇감을 사냥하는 포식자였습니다. 여러분 상상이 되나요? 날카로운 이빨을 드러내며 먹잇감을 찾아 무섭게 바다

고대 멸치 ⓒ조슈아 크누페

를 누비는 커다란 멸치. 영화 〈죠스〉의 한 장면처럼 바닷가에 고대 멸치가 나타난다며 사람들이 비명을 지르며 달아날지도 모릅니다. 하지만 기후변화와 더 강력한 포식자의 등장으로 멸치는 지금처럼 아주 작은 모습을 갖게 되었습니다.

멸치는 바닷속 먹이사슬의 가장 낮은 단계에 속합니다. 우리 주위에 멸치라는 별명을 가진 친구가 있을 거예요. 보통 힘없고 약한 친구에게 멸치라는 별명을 붙여줍니다. 실제로 멸치는 작은 플랑크톤을 먹으며 다른 물고기들의 먹잇감이 됩니다. 이렇게 작고 약한 멸치가 어떻게 살아남을 수 있었을까요? 멸치는 혼자 다니지 않기 때문입니다. 엄청난 수의 멸치가 떼를 지어 몰려다닙니다. 그러니 어떤 위험한 상황에서도 살아남는 멸치가 있게 마련이지요. 멸치가 이렇게 대가족을 유지할 수 있는 까닭은 엄청 빨리 자라는 데다 알을 많이 낳기 때문입니다. 멸치 한 마리가 보통 4,000~5,000개 정도의 알을 낳는다고 하니

참으로 놀라운 일이지요.

비록 멸치 한 마리는 작아도 결코 나약하거나 만만한 존재가 아니라는 생각이 듭니다. 그러니 멸치가 바닷속 대왕으로 나오는 이야기가 터무니없는 옛날이야기라고만 할 수는 없겠지요.

옛이야기 속 멸치

멸치라는 말은 어디에서 왔을까요? 정약전의 『자산어보』에는 '업신여기다'라는 뜻의 한자 蔑(멸)을 써서 '멸어(蔑魚)'라고 했다는 말이 나옵니다. 또한 멸치는 물 밖으로 나오면 바로 죽어 버리는 성질 때문에 '사라지다', '멸하다'라는 뜻의 한자 滅(멸)을 써서 '멸어(滅魚)'라고 불렀다는 이야기도 있습니다. 지역에 따라 멸치를 부르는 이름이 다양한데 제주에서는 멸치를 멜, 행어 등으로 부르고 경상도에서는 메르치, 메레치, 멜치 등으로 부릅니다.

멸치가 등장하는 옛날이야기는 흔하지 않습니다. 한국학자료통합플랫폼 '한국 구비문학 대계'에서 멸치를 검색하면 총 72개의 자료가 나옵니다. 멸치 터는 소리, 멸치 후리는 소리, 멸치 퍼 올리는 소리 등 멸치잡이할 때 부르는 노동요가 대부분을 차지합니다. 이 중에서 멸치가 주요 인물로 등장하는 이야기가 하나 있는데 경상남도 거창군 북상면에서 전해져오는 「병신 된 고기들」 설화입니다.

병신 된 고기들

옛날 옛날 동해 바다에 삼천 년 묵은 며르치(멸치)가 있었거든. 하루는 낮잠 자는데 하늘에 갔다가, 땅에 왔다가, 구름이 끼었다가, 비가 오다가, 눈이 왔다가 하는 이상한 꿈을 꾸었어. 꿈이 참 이상해서 해몽을 하고 싶었는데, 해몽할 나이 많은 고기가 없어.

망둥이가 자기보다는 나이가 훨씬 적지만 팔백 년 묵었다는 소문이 있었어. 그래서 가자미에게 망둥이를 데려오라고 했어. 며르치가 망둥이에게 상을 거창하게 차려주고 술도 많이 준비해 주었어. 망둥이가 꿈 해몽하는데 며르치 공은 승천하여 용이 된다는 거야. 며르치가 그 소리를 듣고는 어찌나 기쁜지 어쩔 줄 몰라. 그런데 가자미에게는 심부름을 갔다 왔는데도 수고했다는 말은커녕 술도 한 잔 안 주거든.

가자미가 잔뜩 화가 나서 '망둥이가 한 말은 거짓말이고 내가 해몽할 테니 들어보시오' 하거든. 가자미가 하늘에 갔다 땅에 오는 것은 낚시에 걸려 솟았다가 떨어지는 것이고, 구름이 낀 것은 숯불이 덜 타 연기가 나는 것이고, 눈이 오는 것은 소금을 뿌리는 것이라. 비가 오는 것은 먹으려고 간장에 찍는 것이라고 말하니까 며르치 공이 화가 잔뜩 났어.

며르치가 가자미 뺨을 때리니 두 눈이 한 군데 몰려버렸지. 가자미가 뒷걸음 하다 걸려 넘어지면서 메기 머리 위에 걸터앉았더니 메기 머리가 납작해졌고. 이것을 보고 있던 문어가 자기한테도 해가 미칠까 두려워 눈을 빼서 뒤

망둥이

통수에 숨겼어. 이걸 보고 있던 뱅어가 웃음을 참느라고 입을 옴출거리다 입이 오목해졌대. 이래서 동해 바다 물고기들 모두 병신이 됐다는 이야기야.

-경상남도 거창군 북상면 설화

설화 속 멸치는 삼천 년을 살았지만 지혜롭지 못하고 마음이 옹졸합니다. 망둥이의 듣기 좋은 말에 기뻐하고 먼 곳까지 심부름하느라 고생한 가자미의 공을 몰라줍니다. 화가 난 가자미가 무시무시한 악담을 하자 약이 바짝 오른 멸치는 가자미의 뺨을 때리지요. 가자미가 넘어지면서 물고기들에게 줄줄이 황당한 사건이 벌어집니다. 이 마지막 장면은 이야기를 듣는 이들에게 큰 웃음을 주지요. 물고기들의 생김새를 보고 우리 조상들은 이렇게 재미있는 이야기를 지어냈습니다.

옛이야기에서 잘 만날 수 없던 멸치가 문학 작품의 주요 소재로 등장한 것은 최근입니다. 요즘은 멸치를 소재로 한 문학 작품이 활발히 발표되고 있지요. 그중 아동문학 작품을 살펴보면 그림책『멸치 다듬기』(이상교, 2024),『멸치의 꿈』(유미정, 2020),『멸치 챔피언』(이경국, 2018), 동시『멸치똥』(권영상, 2019), 동화『멸치 블랙박스』(윤미경, 2023),『오만평과 삐쩍멸치』(신양진, 2019),『미운 멸치와 일기장의 비밀-남해죽방렴 이야기』(최은영, 2014) 등이 있습니다.

옛이야기와 달리 현대 문학 작품 속에서 멸치는 다양한 캐릭터로 등장합니다. 특히 작고 비쩍 마른 생김새 때문에 약한 존재로 놀림 받다가 시련을 통해 누구보다 단단한 내면을 가진 멋진 존재로 성장하는 모습은 독자들에게 감동과 용기를 줍니다.

멸치 대왕의 꿈

표지 속 멸치 대왕은 기다란 수염을 늘어뜨리고 푸른 용의 비늘을 가진 멋진 모습입니다. 삼천 살 먹은 대왕이니 지금 멸치보다 고대 멸치와 더 닮은 듯합니다. '옛날 옛날 동해 바다에 삼천 살 먹은 멸치 대왕이 살고 있었어'로 시작하는『멸치 대왕의 꿈』(키즈엠, 2015)은 앞에서 소개한 구전 설화「병신 된 물고기들」과 내용이 거의 같습니다. 마지막 장면에 나오는 물고기

『멸치 대왕의 꿈』(키즈엠, 2015)

중에서 설화에 나왔던 문어가 빠지고 새우가 등장하는 것이 다릅니다.

그러면 새우에게는 어떤 일이 벌어졌을까요? 새우는 원래 허리가 꼿꼿했는데 이상하게 변해버린 가자미와 병어를 보고 배를 잡고 '웃다 웃다 하도 웃다가 허리가 아주 굽어'졌다고 합니다. 옛이야기는 입에서 입으로 전해졌기 때문에 이야기를 전해주는 과정에서 문어가 빠지고 새우가 들어간 것이라 미루어 짐작할 수 있습니다.

『멸치 대왕의 꿈』에서 '꿈'은 우리가 잠잘 때 꾸는 꿈입니다. 심리학자 프로이트는 『꿈의 해석』에서, 꿈은 우리의 무의식을 충족시켜주는 수단으로, 무의식에서 비롯된 상징적 의미를 가진다고 했습니다. 멸치 대왕의 몸이 갑자기 하늘 높이 휙 치솟다가 아래로 훅 떨어졌다가 함박눈이 펑펑 내리고 날씨가 더웠다 추웠다 하는 것은 어떤 의미일까요?

만약 멸치 대왕이 다른 누군가의 도움을 받지 않고 혼자 곰곰이 생각해 보았다면 용이 되어 하늘을 날아오른다는 망둥이의 해몽보다 더 멋진 답을 얻었을지도 모릅니다. 그러려면 평소에 자신의 마음을 자주 들여다보고 자신의 목소리에 귀 기울일 줄 알아야겠지요. 그나저나 멸치 대왕은 어떻게 되었을까요? 정말 용이 되었을까요? 아니면 멸치구이가 되었을까요? 마지막 결론은 우리들의 상상에 맡기고 이야기는 열린 결말로 끝이 납니다. 어쩌면 우리가 먹은 멸치 중 멸치 대왕이 있었을지도 모르겠습니다.

고전 문학 작품은 오랫동안 살아남은 이야기로 감동과 재미를 줍니다. 고전은 그 자체로도 큰 가치를 지니지만 시간이 지나면서 시대 상황에 맞게 재해석되고 새로운 이야기로 끊임없이 재생산되는 특징이 있습니다.『멸치 대왕의 꿈』역시 마찬가지입니다. 이주홍 선생님의『멸치』와 유미정 작가님의『멸치의 꿈』을 읽고『멸치 대왕의 꿈』과 비교해 보는 것도 무척 흥미로울 것입니다.

바다를 사랑한 이주홍 선생과 멸치

『멸치』(지경사, 2001)

향파 이주홍 선생님 작품 중에 『멸치』라는 동화가 있습니다. 1939년 『동아일보』에 발표한 작품입니다. 『동아일보』에 발표할 당시 제목은 '멜치'였습니다. 이주홍 선생님은 바다를 사랑해서 바다를 배경으로 한 작품을 많이 썼습니다. 시, 소설, 수필, 동시, 동화 등 수많은 작품 속에 바다가 푸르게 펼쳐져 있습니다. 『멸치』는 바다 한복판에서 이야기가 시작됩니다.

주인공 멸치는 고기잡이배가 바다에 그물을 던져 물고기를 잡는 장면을 보고 무척 재미있어합니다. 엄마가 위험하니 그물 근처에는 가지 말라고 하지만 엄마 말을 듣지 않습니다. 그러다 그만 그물에 잡히고 말지요. 멸치는 발버둥 치며 그물을 빠져나가려고 하지만 오히려 고기잡이 영감 손에 잡혀 배 바닥에 패대기쳐져 버립니다.

"에구 엄마-."

멸치는 그제야 후회하지만 다시 바다로 돌아갈 수 없습니다.

향파 이주홍

멸치는 이리저리 끌려다니다 장사치에게 팔려 어느 산골 마을 가게로 갑니다.

"이 멸치 좀 보소. 이번 항구에 가서 새로 사 온 것인데 아주 썩 좋소."

언제 팔려갈지 모르는 신세가 된 멸치는 밤이 되어 심심해지자 처음 보는 방망이에게 말을 겁니다. 방망이가 멸치에게 어쩌다가 산골 마을까지 왔느냐고 묻자 멸치는 육지 구경이 좋다고 해서 구경하러 왔다고 허세를 부립니다. 그러자 방망이가 구경 중 사람 목구멍 구경이 제일이라며 '으하하하 우하하하', '호호호 으아 하하하하-' 미친 듯이 웃습니다.

날마다 바다를 그리워하던 멸치는 비 오는 날 우산을 쓰고 온 조그만 아이에게 팔려갑니다. 온몸이 바짝 마른 멸치는 빗속으로 뛰어들고 싶지만 광주리에 담겨 꼼짝없이 아이 집으로 가게 되지요.

"오, 물! 물이다!"

멸치는 드디어 물속으로 들어갑니다. 하지만 그곳은 바다가 아니라 남빛 냄비 속이었습니다. 멸치는 펄펄 끓는 냄비 속에서 궁둥이를 쥐고 살려달라고 펄펄 뛰다가 숟가락 위에 올라타 사람 목구멍 속으로 들어갑니다. 멸치는 방망이가 말하던 목구멍 구경을 하게 되었다 여기고는 엄마를 만나면 재미난 목구멍 나라 이야기를 선물해야겠다고 생각합니다.

이주홍 선생님의 동화 『멸치』는 그림 형제의 이야기처럼 무시무시하게 끝이 납니다. 마지막에 멸치가 '으하하하하 으-하하하하-' 웃어대던 방망이의 모습을 떠올리며 깜깜한 목구멍 속에 갇히는 모습은 멸치에 대한 가여운 마음을 넘어 공포감을 느끼게 합니다.

그런데 이 이야기는 그저 불행한 결말로 끝난 것일까요? 우리는 고래 배 속에서도 살아남은 피노키오 이야기를 잘 알고 있습니다. 그러니 멸치가 목구멍 속에 들어간 것으로 이야기가 비극적으로 끝났다고 생각하고 싶지 않습니다. 호기심 많고 모험심 강한 똘똘이 멸치는 틀림없이 새로운 환상의 나라로 모험을 떠났을 거라 믿습니다.

작은 멸치의 큰 꿈

사천구백아흔아홉 번째로 태어난 멸치. 지금은 대가리만 남은 멸치. 몸통이 있었을 때는 헤엄 잘 치기로 소문난 멸치. 바로 유미정 작가님의 그림책『멸치의 꿈』에 등장하는 주인공입니다. 이 책은 작은 멸치의 큰 꿈에 대한 이야기를 담고 있습니다.

꿈은 영어로 dream입니다. dream이란 단어는 여러 가지 뜻이 있는데 우리말 '꿈'과 마찬가지로 자면서 꾸는 '꿈'과 미래에 대

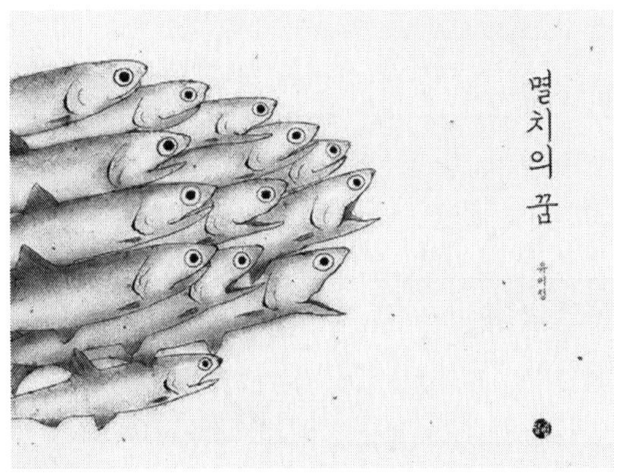

『멸치의 꿈』(달그림, 2020)

한 이상과 장래 희망을 뜻하는 '꿈'이라는 뜻을 함께 가지고 있습니다. 유미정 작가님이 그린 멸치는 어떤 꿈을 꾸고 또 이루었을까요?

어느 날 멸치는 형제자매들과 신나게 놀다가 달빛을 쫓아갑니다. 캄캄한 바다에 비치는 은은한 달빛은 정말 환상적이지요. 빛을 좋아하는 멸치는 황홀한 달빛을 따라가지만 그건 달빛이 아니라 고깃배가 멸치를 잡기 위해 밝힌 등불이었습니다. 멸치는 형제자매들과 함께 그물에 잡히고 맙니다.

멸치는 팔팔 끓는 소금물에 삶기고 온몸이 쪼글쪼글해질 때까지 햇볕에 말려지는 신세가 됩니다. 이렇게 마른 멸치가 된 주인공은 형제자매와 함께 키재기를 합니다. 그림책을 보면 눈금이 1mm 간격으로 그려진 15cm 자가 왼쪽에 서 있고 키 순서대로 멸치가 그려져 있습니다. 실제로 멸치는 길이에 따라 크게 대멸(7.7cm 이상), 중멸(4.6~7.6cm), 소멸(3.1~4.0cm), 세멸(2cm정도)로 나뉩니다.

멸치는 다른 형제자매들과 마른 몸을 끌어안고 누워서 바다를 그리워합니다. 하지만 바다로 돌아갈 수 없습니다. 멸치는 사람들이 똥이라 부르는 창자와 몸통과 구부러진 등뼈까지 모두 발라지고 대가리만 남게 됩니다. 대가리만 남은 멸치는 꿈을 꿉니다. 바다로, 바다로 헤엄쳐 가는 꿈. 창자도 몸통도 구부러진 등뼈도 입을 벌리고 웃는 듯한 대가리도 입을 다물고 우는 듯한 대가리도 모두 바다를 향해 헤엄쳐 갑니다. 그리고 마침내 멸치는 바다가 됩니다.

멸치에게 바다는 어떤 곳일까요? 바다는 멸치가 태어나고 형제자매와 함께 자란 집입니다. 멸치가 마음껏 헤엄치던 자유로운 세상이며 달빛을 보며 꿈꾸던 우주입니다. 그물에 잡혀 온몸이 말라비틀어지고 해체되어도 포기하지 않고 바다로, 바다로 헤엄쳐 갔던 것은 바로 이런 까닭입니다. 멸치는 스스로 바다가 될 때까지 결코 멈추지 않지요. 어떤 어려운 순간에도 포기하지 않고 헤엄쳐 갈 바다가 있다는 것은 정말 멋진 일입니다.

꿈을 향해 바다를 향해

우리가 꾸는 꿈의 모양과 색깔은 모두 다릅니다. 한 가지 분명한 것은 우리 모두 행복해지기 위해서 꿈을 꾼다는 것입니다. 그물에 잡힌 멸치가 간절히 바다로 헤엄쳐 가는 것도 지금보다 행복해지고 싶기 때문입니다. 바다는 사랑하는 부모님과 형제자매가 있는 곳, 자유롭게 헤엄칠 수 있는 곳, 멸치가 마음껏 꿈꾸고 그 꿈을 이룰 수 있는 공간이니까요.

한낮에 꾼 이상한 꿈이 용이 되어 하늘을 날아오르는 예지몽이라 믿고 싶은 멸치 대왕과 온갖 시련을 겪고도 목구멍 구경에 호기심이 발동하는 멸치와 대가리만 남아도 바다를 향해 끝

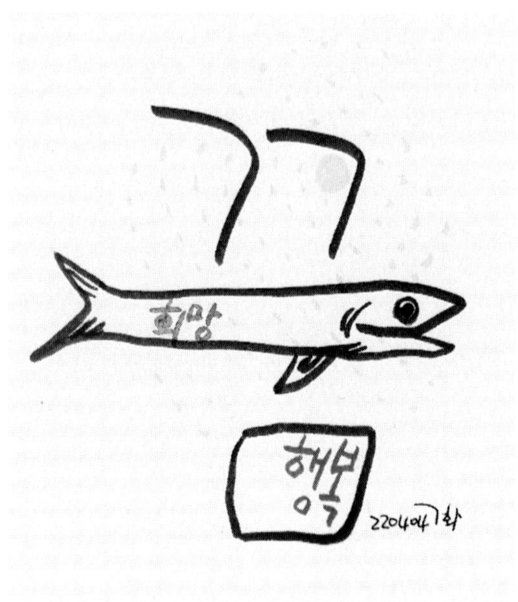

〈꿈꾸는 멸치〉ⓒ강기화

끝내 헤엄쳐 가는 멸치는 각자 다른 꿈을 꿉니다. 서로 다른 꿈을 꾼 멸치는 다른 삶을 살 수밖에 없습니다. 멸치처럼 우리 역시 어떤 꿈을 꾸느냐에 따라 삶이 달라집니다.

멸치 대왕이 듣기 좋은 꿈 해몽만 믿지 않고 스스로 멋진 꿈을 이루기 위해 노력했더라면 설화에 나오는 '병신 된 물고기들'이 생기지 않았을지도 모릅니다. 동화 속 멸치가 다른 사람의 충고를 듣고 좀 더 생각을 깊이 했더라면 사람 목구멍 속으로 들어가지 않았을지도 모르지요. 하지만 그물에 잡혀 온몸이 다 해체되어 대가리만 남아도 자신을 포기하지 않고 바다로 헤엄쳐 가는 멸치의 모습에서 우리는 마음속 깊이 뭉클한 감동을 느낍니다. 마침내 바다가 된 멸치를 만나는 순간 꿈을 꾼다는 것은 어떤 상황에서도 자신을 포기하지 않고 희망을 가지는 것이라는 걸 깨닫게 됩니다.

여러분은 어떤 꿈을 꾸나요? 여러분이 꿈꾸는 바다는 무엇인가요? 아직 자신의 꿈이 정확히 어떤 모양, 어떤 빛깔인지 잘 모를 수도 있습니다. 하지만 꿈의 씨앗을 꼭 품고 잘 가꾸길 바랄게요. 여러분의 푸른 바다를 응원합니다.

강기화

15소년 표류기

열다섯 명의 소년과 강아지 한 마리를 태운 요트가 태풍에 휩쓸려 바다를 표류한다. 배는 한 무인도에 도착하게 되고 소년들은 그곳에서 생활을 개척해나가다가 2년 만에 고향으로 돌아가게 된다. 이는 『15소년 표류기』의 간략한 줄거리인데, 이 작품이 오랜 시간 동안 사랑받는 고전이 된 이유는 무엇인지, 이 글을 쓴 작가와 작품을 알아보고 이해하는 시간을 가져보고자 한다. 내용의 스포일러가 있으니 주의할 것을 미리 알린다.

쥘 베른

쥘 베른(Jules Verne) 작가의 생애

프랑스의 대문호인 쥘 베른은 1828년 2월 8일 프랑스의 낭트라는 항구 도시에서 태어났다. 낭트는 항구 도시로 수많은 배가 드나드는 곳이었다. 이런 지리적인 영향을 받아 쥘 베른은 어릴 때부터 여행과 모험을 좋아하고 선원이 되기를 꿈꾸기도 했다.

하지만 쥘 베른은 아버지의 뜻에 따라 파리에서 법학을 공부하고 전공하게 된다. 파리에 간 쥘 베른은 문학 살롱에 자주 드나들었다. 여기서 살롱은 17~18세기 프랑스 상류사회에서 성행하던 귀족과 문인들의 정기적인 사교 모임을 가리킨다. 쥘 베른은 그곳에서 알렉상드르 뒤마 피스* 등을 만나 글쓰기에 대한 조언을 얻으며 문학가가 된다.

초기에 희곡을 썼던 쥘 베른은 1863년 출판 편집자인 피에르 쥘 헤첼을 만나게 되며 소설 『5주간의 기구 여행』이라는 작품을 출간하게 된다. 이 작품은 프랑스뿐 아니라 전 세계적으로 큰 성공을 거두게 된다. 이후 『지구 속 여행』(1864), 『달나라 탐험』(1869), 『해저 2만 리』(1869), 『80일간의 세계 일주』(1873), 『15소년 표류기』(1888) 등 80여 편의 명작을 남기며 쥘 베른은 대

---

* 19세기 프랑스의 작가. 『춘희』 등의 작품이 있다.

문호의 반열에 오른다. 1905년 그는 지병인 당뇨병이 악화되면서 77세의 나이로 세상을 뜨게 된다.

쥘 베른은 공상 과학 소설의 선구자이자 과학 소설의 아버지로도 일컬어진다. 이는 풍부한 상상력으로 공상 과학 소설을 썼기 때문인데, 그의 작품에는 당시에 상상할 수 없는 기발한 아이디어가 많이 담겨 있다. 비행기, 잠수함, 우주선이 발명 및 상용화되기 전인 그 시절에 우주, 하늘, 해저 여행에 대한 개념들을 작품에 담아냈다. 사람을 달로 쏘아 올리는 대포라는 발상 또한 그러하다.

예로 『해저 2만 리』에 등장하는 잠수함, 달 세계 일주에 사용되는 로켓은 상상의 산물이었다. 1950년대 미국에서 발명된 최초의 원자력 잠수함의 이름도 『해저 2만 리』의 잠수함 노틸러스호의 이름을 따왔다고 한다. 이렇듯 그의 작품은 후대에 많은 영향을 주었고 실현된 아이디어들이 많았다. 실생활과 더불어 쥘 베른의 작품을 모티브로 한 여러 공상 과학 영화도 찾아볼 수 있다. 후대인들은 그의 미래 실현 가능한 아이디어들이 다양한 여행 경험과 엄청난 독서량 등에서 비롯된 것으로 보고 있다.

혹시 오늘날 세계에서 작품이 가장 많이 번역되는 작가가 누구인지 아는가? 바로 추리의 여왕 애거서 크리스티이다. 세 번째는 셰익스피어라고 한다. 두 번째로 번역 작품이 많은 작가가 바로 쥘 베른이다.

이처럼 전 세계적으로 많은 사랑을 받은 쥘 베른의 소설들은 영화, 드라마, 애니메이션 등으로 제작되며 지금도 우리 곁에 함께 살아 숨 쉬고 있다. 오늘 우리는 그의 작품 중 해양을 무대로 한 『15소년 표류기』를 함께 살펴보고자 한다.

『15소년 표류기』, 그 아찔한 모험 속으로

1888년 출간된 모험 소설 『15소년 표류기』의 원제목은 『2년간의 휴가 (Deux Ans de vacances / Two Years' Vacation)』이다. 작품이 일본을 통해서 한국으로 번역되어 들어오며 현재 우리가 알고 있는 『15소년 표류기』로 제목이 바뀌었다고 한다.

100톤급의 요트 슬루기호는 다음 날 항해를 위해 소년들을 태운 채로 부두에 정박되어 있었는데, 알 수 없는 이유로 바다를 표류하게 되고 폭우를 만난다. 배에는 불과 열다섯 명의 아이들만이 타고 있었다. 이들 중 견습 선원인 흑인 소년 모코를 제외하면 다들 체어먼 기숙학교의 학생들이다.

이 일이 있기 한 달 전인 1860년 2월 15일, 체어먼 학교의 방학이 시작되었다. 체어먼 학교는 뉴질랜드 수도인 오클랜드시의 명문 기숙학교다. 이때 몇몇 아이들은 슬루기호를 타고서 뉴질랜드 해안을 일주할 준비를 하고 있었다. 그렇게 6주간의 항해를 위해 물품과 식량이 실려 있던 거대 요트 슬루기호는 알

수 없는 이유로 밧줄이 풀어
지게 된다. 그렇게 배는 썰
물을 타고 서서히 먼 바다
한가운데로 흘러가 폭우를
만나게 된 것이다.

생각지 못한 모험을 떠나
게 된 소년들은 어찌할 바
를 모른다. 그나마 배를 다
룰 수 있는 모코와 소년들
중 가장 나이가 많은 14살
고든, 13살인 브리앙과 도니
펀이 중심이 되어 거친 폭풍

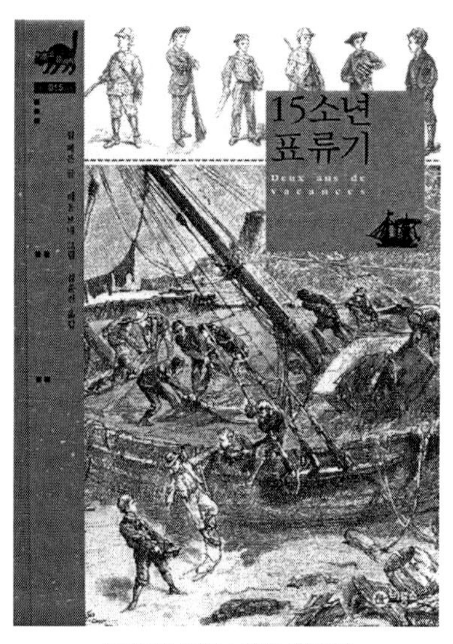

2019년 비룡소에서 출간된
『15소년 표류기』 표지

우와 싸운다. 돛은 부러지고 찢어지며 아슬아슬한 상태로 서풍
을 타고서 바다 중의 가장 넓은 바다, 태평양으로 빠지게 된다.
난파선에 실린 소년들은 뉴질랜드에서 7,200km나 떨어진 무인
도에 겨우 다다르게 되고, 이곳에서 정착기가 시작된다. 소년들
은 무인도를 자신의 학교 이름에서 따와 체어먼 섬이라고 부른
다. 아이들은 얼마간 버틸 수 있는 식량과 탄약을 활용하며 물
을 찾고 짐승을 사냥하고 낚시를 한다. 서로 의견을 나누며 리
더를 뽑고 역할을 나누며 자신들의 생활방식을 만들어간다.

어느 날 섬을 탐험하던 소년들은 사람의 생활 흔적이 남아
있는 한 동굴을 발견한다. 이는 50년 전에 표류해 왔던 프랑스

인이 살았던 동굴로 소년들은 이곳을 생활의 터전으로 잡는다.

소년들은 구덩이를 이용해 동물을 잡거나 썰물과 밀물을 활용하고 석회암 벽을 파 구멍을 내 화덕의 연기가 빠져나가도록 하는 등 정착을 위해 행동하는 지혜로운 면모를 보인다. 의견을 모으는 과정에서 충돌하기도 하고 번번이 갈등도 생기지만 이런 경험들로 소년들은 점차 성장한다.

계절이 흐르고 소년들의 생활이 점차 안정을 찾아가던 중 해변에 표류한 낯선 사람들을 발견한다. 이들과 소년들 사이에 싸움이 벌어지고 소년들은 힘을 모아 그들을 물리친다.

악한들의 일행이었던 항해사의 도움으로 그들의 보트를 타고서 소년들은 2년 만에 고향으로 돌아오게 된다.

여기까지가 『15소년 표류기』 대략의 줄거리다. 줄거리를 안다고 해서 그 책을 읽었다고 할 수 없는 이유가 있다. 문장과 문장 행간의 의미는 독서를 통해서 찾아낼 수 있으며, 소년들의 대담하고 아찔한 모험, 사회생활을 보여주는 과정 등은 직접 읽어보는 것으로 그 생생함을 느껴볼 수 있을 것이다.

이 작품을 읽다 보면 소년들의 무대가 된 무인도가 실제로 있을지, 있다면 어디에 있을지 상당히 궁금해진다. 위치로 보아 무인도는 남미 칠레의 남단에 위치한 하노버 섬으로 볼 수 있는데, 작품 속에 그려진 섬의 자연환경이나 생태는 작가의 창작이라 하겠다.

『15소년 표류기』의 등장인물들은 화려하다. 인원수도 그러하지만, 각기 개성이 다르고 성격이 입체적이라 내용에 활기를 불어넣고 풍성하게 한다. 15인의 소년들과 작품 후반에 등장하는 몇몇 인물이 있지만, 그중 주요한 다섯 명을 다루어 보도록 하자.

먼저 고든을 살펴보자. 프랑스인 두 명, 영국인 열한 명으로 이루어진 표류 소년들 중 유일한 미국인이며 최연장자이다. 작품에는 14세로 나오며 똑똑하고 신중하며 믿음직스러운 소년이다. 고든은 무인도에 표류한 첫해에 1대 대통령으로 선출된다.

"필요해지면 다 배우게 될 거야! 희망을 잃지 말자, 그리고 신중하게 행동하자!"

슬루기호가 무인도에 좌초되었을 때 고든이 한 말로, 그의 성격을 보여준다.

고든

또한 사탕단풍나무로 메이플 시럽을 만들 수 있고, 찻잎 대용으로 쓸 수 있는 나뭇잎을 알아보는 눈이 있으며, 감기 치료제가 될 만한 식물을 찾아내는 등 자연에 관한 지식이 매우 풍부하다. '판'이라는 애완견을 데리고 다닌다.

다음은 브리앙으로 사실상 주인공 격인 인물이다. 활발하고 리더쉽이 있으며 소년들을 보호하고 늘 지혜롭게 움직이려 한다. 브리앙은 프랑스인으로, 이 이름은 쥘 베른의 친구 아들로부터 따왔다고 한다. 체어먼 섬의 두 번째 대통령으로 선출된다.

자크(좌)와 브리앙(우)

자크(잭)는 브리앙의 동생으로 역시 프랑스인이다. 원래 학교에서는 명성이 자자한 개구쟁이였는데, 표류한 뒤로 다른 사람이 된 듯 우울하고 음침해진다. 사실 자크가 장난으로 배의 닻줄을 풀어버리는 바람에 배가 항구를 이탈하게 되고 표류하게 된 것이다. 그런 죄책감 때문에 자크는 위험한 일을 도맡아 하고 나중에 모두에게 잘못을 고백하며 용서받는다.

　도니펀(도니판)은 영국인으로 총기류를 잘 다루는 명사수이다. 한밤중에 나타난 맹수도 겁내지 않고 침착하게 맞추며 바다표범을 사냥하여 램프를 피우는 데 필요한 동물 기름을 얻고 승냥이, 여우 사냥 등을 한다. 도니펀은 용감하고 똑똑하다. 소년들을 위해 헌신하기도 하지만 자존심이

도니펀

아주 강하고 거만한 성격이다. 이 때문에 늘 브리앙에게 라이벌 의식을 가지며 둘은 번번이 부딪힌다. 2대 대통령으로 브리앙이 선출되자 자신의 무리 셋과 따로 떨어져 나간다. 이후 브리앙의 희생으로 재규어의 공격에서 살아남게 된 도니펀은 결국 브리앙과 화해하며 다시 무리로 돌아간다. 난파된 세번호의 악당들을 마주치는 상황에서는 도니펀이 브리앙을 도와준다.

모코

유일한 흑인 남자아이 모코는 학생 신분인 다른 아이들과 달리 배의 견습 선원이었다. 섬에서 내린 후에 주로 요리사로 활동하며 결말에서는 도망치는 악당들의 배에 함포를 쏴 악당들을 전멸시킨다. 모코는 소년들에게 존댓말을 쓰고 강아지 '판'과 비슷한 생활을 한다.

작품에 담긴 시대적 의식

쥘 베른의 『15소년 표류기』를 단순한 모험 소설로만 보지 않는데, 그 이유는 작품 속에 담긴 역사적인 의식들 때문이다. 앞선 작품의 인물 소개로 눈치를 챘을지 모르겠다.

탈식민주의적 관점에서 이 작품은 19세기의 인종차별주의와 식민주의에서 자유로울 수 없다. (탈식민주의란 특정 국가가 다른 나라를 지배하려는 제국주의와 식민주의의 문화적 유산에 대한 비판적인 연구 정도로 생각하면 좋겠다.)

열다섯 명의 아이들 중 흑인 선원 견습생 모코를 살펴보자. 작품 속에서 모코는 백인 소년들에게 '도련님'이라는 호칭을 사용하며 늘 존대한다. 이에 반해 소년들은 모코의 이름을 부를 뿐이다. 리더를 뽑는 투표권에서도 모코는 늘 배제되어 있다. 당시 시대상을 생각하면 당연한 일이지만 이러한 모습은 19세기적인 흑인의 정형화된 형태로, 인종차별에 대한 문제의식이 없는 백인중심주의를 잘 나타내고 있다.

하지만 또 다르게 생각해보자. 미국 남부에서 흑인이 투표권을 가진 시기는 이 작품이 나온 지 무려 77년 뒤인 1965년이었다. 그렇게 본다면 이 소설 속에서 모코가 투표권을 가지지 못한 것에 '학생이 아니라는 이유'를 붙인 점이 그 당시로는 비교적 진보적이라고 볼 수도 있다.

무리 중에서 우두머리 역할을 하는 아이들의 출신은 미국, 프랑스, 영국인들이다. 앞서 다룬 인물들이라고 보면 되겠다. 아이들의 행동과 말투에서 당시의 인종차별주의적인 사상을 볼 수 있으며 식민지를 개척하고 지배하는 강대국의 당위성이 드러나 있다. 또한 작품에서 소년들이 무인도를 대하는 전반적인 태도를 보면 무인도의 식민화를 긍정적으로 묘사하고 있다는 것을 알 수 있다. 표류한 섬에 식민지라는 정체성을 부여하고 개척하고 활동하는 식민화를 긍정적인 가치로 여긴다.

이렇듯 19세기의 식민주의와 인종차별적 이데올로기가 담긴

『15소년 표류기』가 오랜 시간 사랑받는 이유는 미지의 바다와 무인도를 탐험하고 개척하는 열 다섯 명의 소년들이 성장하는 과정 또한 고스란히 담겨 있기 때문일 것이다.

공동체의 덕목과 인간관계의 중요성, 도덕과 교훈을 바탕으로 하며 애국주의의 면모까지 찾아 볼 수 있다. 식물, 조류, 다양한 동물 등에 대한 해박한 지식을 읽는 즐거움도 한몫한다.

고전은 시대상을 담아 역사를 알려준다. 시대가 바뀌면서 다양한 시점으로 해석하고 재평가할 수 있으며, 때로는 반성할 수 있다. 이렇게 보면 고전이 주는 영향은 생각 이상으로 크다고 볼 수 있다.

왜 바다일까?

쥘 베른은 왜 해양을 무대로 이 이야기를 만들었을까?

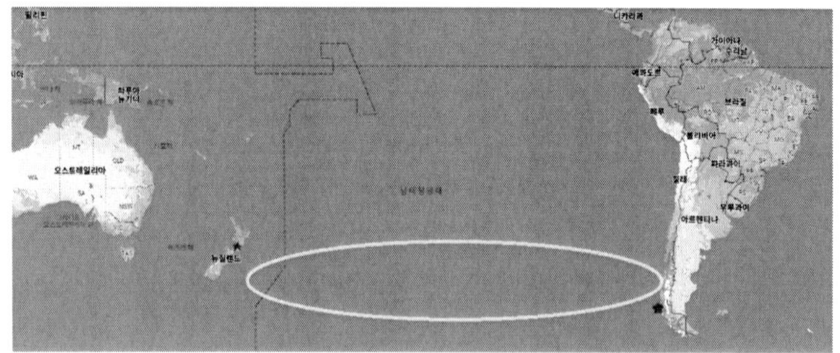

뉴질랜드와 하노버 섬 사이의 거리(구글 지도에 필자 표기)

위 그림은 필자가 표류가 시작된 뉴질랜드와 도착점인 하노 버 섬을 표시해 본 것이다.

'내가 만약 이 넓은 태평양 바다 위를 방향도 모른 채 떠다녔 다면?'이란 생각을 잠시 해보았다. 여러분은 어떨 것 같은가.

우주 공간이 닿을 수 없는 미지의 공간이라면—물론 현재 는 많이 가까워지고 있지만—해양은 우리에게 더 가깝고 직 접적이다. 손끝을 스치는 잔잔한 파도 너머 방향을 짐작하기 힘든 파도를 토해내는 바다. 목적지를 알 수 없는 항해, 깊은 바다 아래의 아직 밝혀지지 않은 무궁무진한 미지의 세상이 있다.

"잔잔한 바다를 통해서는 결코 유능한 항해사가 될 수 없 다(Smooth seas do not make skillful sailors)"는 루스벨트 미국 대통 령의 말도 결국 모험과 도전을 통해 사람은 성장할 수 있다 는 의미이다. 두려움을 이기고 위험 속에서 배우며 현명하게 대처한다면 우리의 삶은 눈에 보이지 않아도 한층 성장해 있 을 것이다.

"모든 아이들이 다 알고 있다시피 질서, 열정, 용기만 있다면 아무리 위험하다 해도 헤어 나오지 못할 상황이란 없는 법이 다."

작품의 마지막 장에 나오는 말이다. 흡사 작가 쥘 베른이 독 자에게 직접 말하고 있는 느낌마저 받는다. 이러한 모험을 통 해 삶의 이치를 일깨우는 데 의미를 둔 것 같다. 질서, 용기, 열정이 있다면 미지의 바다 역시 호기심과 도전을 바탕으로 삶을 배우는 무대가 될 수 있다.

그 밖의 해양 도서

해양을 무대로 한 이야기는 이전에도 있었다.

대니얼 디포우의 『로빈슨 크루소』(1719)는 서양 최초의 근대 소설이다. 이 작품은 서양 소설의 원형이 되어 21세기까지 전 세계적으로 2,000여 편에 이르는 로빈슨류 소설이 출간되었다. 『로빈슨 크루소』 소설을 뿌리 삼아 다시 쓴 파생적 작품 중에 '난파, 섬에 도착, 문명으로의 회귀'라는 공통적인 서술 요소들을 갖춘 소설을 일명 '로빈슨류'라고 부른다.

쥘 베른 또한 『로빈슨 크루소』를 즐겨 읽었다고 알려져 있다. 『15소년 표류기』의 서문에서도 『로빈슨 크루소』의 영향을 받은 사실을 여과 없이 드러내고 있다. 『15소년 표류기』는 작은 무인도에 단체 표류한 복수의 소년들이 주인공이라는 차이점이 보인다. 해양이 무대는 아니지만 『15소년 표류기』와 비교·대조적인 면에서 『파리대왕』(1954)도 추천해볼 만하다.

『로빈슨 크루소』 외에도 어니스트 헤밍웨이의 늙은 어부 산티아고의 이야기인 『노인과 바다』(1952), 얀 마텔의 『파이 이야기』(2001) 등을 추천한다. 『파이 이야기』는 망망대해에서 벵골

호랑이와 생존을 위한 사투를 벌이는 소년의 이야기다.

여러분들에게 양질의 도서가 되리라는 믿음으로 추천하며, 바다 위에서 펼쳐지는 답 없는 모험, 그 속에서 지혜로운 삶에 대한 지도를 찾아보길 바라본다.

박그루

2부

해양환경

낙동강 하구의 쇠제비갈매기를 구해줘!

하구는 어떤 곳일까?

강과 바다가 만나는 곳에 하구가 있습니다. 하구는 육지에서 보면 강의 끝부분이지만, 바다에서 보면 강의 입구에 해당하죠. 한자는 河口이고, 영어로는 River Mouth라고 부릅니다. 바다의 입장에서 붙여진 이름입니다. 민물이 짠 바닷물에 섞여 들어가기 때문에 하구의 염분 변화는 다양한 환경을 만듭니다. 하구를 지나 강을 따라 올라가면 육지로 이어지기 때문에, 예전부터 상류와 하류를 연결하는 교통의 요지가 되기도 합니다.

하구는 민물이 갑자기 바닷물로 변하지 않고 서서히 섞이도록 도와주기 때문에 생태계의 완충지대가 됩니다. 연어나 뱀장어는 하구에 머물다가 강이나 바다로 나갈 수 있어요. 하구에 발달한 갯벌은 바다와 상류에서 떠내려온 영양분이 많아요. 이걸 먹고 사는 생물들이 다양하기에 생명의 보금자리가 되기

낙동강 하구

도 합니다. 철새들의 산란 장소와 서식처가 되기도 하고요. 또한 하구는 육지에서 흘러드는 오염 물질을 정화하는 기능을 하고, 해일과 홍수로부터 급격한 피해를 보지 않도록 막아주기도 합니다. 덤으로 주어지는 아름다운 경치는 관광 명소가 되기도 합니다.

대한민국의 5대 하구는 어디일까?

아주 오랜 옛날부터 사람들은 강가나 바닷가 주변에 머물면서 생활했어요. 물이 있어야 생활이 가능하고, 먹을거리도 풍부했기 때문이지요. 그래서 과거 화려한 문명을 꽃피웠던 4대 문명(메소포타미아 문명, 이집트 문명, 인더스 문명, 황하 문명) 역시 큰 강 하구 주변에서 생겨났어요.

그렇다면, 우리나라에는 어떤 하구들이 있을까요?

우리나라에는 바다로 직접 흐르는 13개의 국가 하천과 지방 1급 하천 4개, 지방 2급 하천 312개 등 총 329개의 하천이 있습니다. 그 가운데 5개 하구를 대표적으로 꼽는데요. 흔히 말하는 4대강인 한강, 금강, 영산강, 낙동강과 섬진강 하구입니다.

한강 하구는 재두루미의 집단 도래지로 한강의 삼각주 지역은 천연기념물로 지정되어 있어요. 최근 재두루미가 점차 사라져가고 있지만, 그래도 청둥오리, 도요·물떼새 등 철새들이 모여듭니다.

금강 하구는 갈대가 무성한 가운데 모래톱이 형성되어 있어요. 하구에는 넓은 갯벌이 형성되어 있어서 철새들에게 먹이와 보금자리를 제공하고 있습니다.

영산강 하구는 해안선이 복잡하다는 특징이 갖고 있어요. 강이 구불구불하게 휜 상태로 이어져 부채꼴 형상을 하고 있는데요. 영산강 하굿둑 건설로 고유의 자연환경이 훼손되어 안타까움을 자아내고 있습니다.

섬진강 하구는 주변의 개발에 의해 해안선이 많이 변화됐지만, 비교적 자연 하구에 가까워 각종 철새와 동물이 많이 서식하고 있는 편입니다.

그리고 동양 최대의 철새 도래지로 이름을 날렸던 낙동강 하구가 있습니다. 우리가 자세히 살펴보려는 곳입니다.

낙동강 하구는 어떤 곳일까?

한반도 동쪽의 최남단, 1천3백 리를 흘러온 낙동강이 바다와 만나며 마지막 몸을 푸는 곳. 바로 낙동강 하구입니다. 강과 바다의 시작과 끝이 서로 이어지는 생명의 공간입니다.

낙동강의 발원지는 강원도 태백입니다. 태백의 황지연못에서 시작한 낙동강은 아름다운 산과 비옥한 들판을 적시며 약 525km를 남으로 달려 내려옵니다. 곳곳에 물이 넘치면서 우포늪과 주남저수지 등 배후 습지를 만들기도 하지요.

그렇게 달려온 낙동강은 부산 화명동과 김해 대동면 즈음에서 서낙동강과 낙동강 본류로 크게 두 갈래로 갈라집니다. 남해와 만나는 곳에 너른 평야와 모래섬들을 만들죠. 이 모래섬들은 을숙도, 일웅도, 대마등, 장자도, 신자도, 진우도, 백합등, 도요등과 같은 크고 작은 삼각주입니다. 삼각주와 해안 일대

낙동강 하구 삼각주의 형성

낙동강 하구의 철새들

의 갯벌, 우거진 갈대숲은 철새들의 좋은 보금자리가 되어 왔습니다. 삼각주 주변은 수심이 얕은 갯벌이 넓게 형성되어 많은 플랑크톤과 어류, 패류, 수서곤충이 번식하여 철새의 먹이가 풍부합니다.

낙동강 하구는 예로부터 다양한 수산물의 산지로도 잘 알려진 곳이었습니다. 주요 생산물 중에는 김, 굴, 재첩, 소금 등이 유명했습니다. 현재는 그 지형과 토지의 모양이 바뀌었지만, 남아 있는 지명들에서 과거의 모습을 찾아볼 수 있습니다.

낙동강 하구는 철새 도래지로 천연기념물 제179호로 지정되어 있습니다. 여름에는 시원하고 겨울에는 따뜻한 기후 덕분에 강가의 모래와 갈대 등과 더불어 새들이 알을 낳고 새끼를 치기 적합합니다. 매년 167종 13만여 마리의 철새가 찾아올 만큼, 다양한 새들의 서식지이자 번식지로 사랑을 받아왔어요. 동아시아 최대의 쇠제비갈매기 번식지, 우리나라 최대의 고니 월동지, 우리나라 최대의 노랑발도요 중간 도래지, 세가락도요 중간 도래지, 최대 갈매기류 도래지, 최대 솔개, 참수리 등 맹금류 도래지 등 수많은 타이틀을 가진, 그야말로 세계에서도 손꼽히는 철새의 낙원입니다.

쇠제비갈매기는 어떤 새일까?

쇠제비갈매기는 바닷가에서 쉽게 만날 수 있는 '갈매기'의 일종입니다. 보통 갈매기는 수명이 10~15년이지만, 쇠제비갈매기는 약 20년을 살아 '장수하는 새'라고 불리기도 합니다.

갈매기의 이름에 '제비'라는 단어가 들어간 게 흥미로운데요. 제비갈매기류는 다른 갈매기와 다르게 제비처럼 꼬리가 길고 가운데가 움푹 들어간 특징을 보입니다. 새의 이름 앞에 '쇠'가 붙은 것은 새 중에서도 크기가 작다는 뜻입니다. 쇠제비갈매기는 제비갈매기 중에서도 몸이 가장 작고 날렵한 해양성 조류입니다. 하얀 몸과 회색 날개, 검은 머리, 노란 부리와 다리를 갖고 있으며, 몸길이는 약 24cm, 몸무게는 50g 정도입니다. 공중

쇠제비갈매기

에서 물을 향해 다이빙해 물고기를 잡아먹으며 정지비행도 잘합니다.

쇠제비갈매기는 계절별로 생김새가 달라져요. 여름에는 머리 뒤쪽까지 검고 이마는 흰색, 부리는 노란색이고 끝부분만 검은색이에요. 반면 겨울에는 부리가 검은색으로 변하고, 이마의 흰색이 머리 꼭대기까지 넓어집니다.

쇠제비갈매기는 하천이나 해안, 하구의 모래섬에서 사는데요. 한국, 일본, 중국 등지에서 번식하고 필리핀, 뉴기니 섬, 오

철새의 종류

텃새 : 일정한 곳에서 1년 내내 살아가는 새

여름 철새 : 봄에 동남아시아 등 남쪽에서 찾아와 우리나라에서 번식하고 가을에 다시 남쪽으로 이동하는 새 (쇠제비갈매기, 뻐꾸기, 꾀꼬리, 제비, 백로류)

겨울 철새 : 봄, 여름에 시베리아 등지에서 번식하고 가을에 우리나라를 찾아와 겨울을 나고, 봄에 북으로 돌아가는 새 (기러기류, 오리류, 고니류, 두루미류)

나그네새 : 우리나라 북쪽에서 번식하고, 우리나라 남쪽에서 겨울을 나는 새 (도요새, 물떼새)

길잃은새(떠돌이새) : 기상이변이나 태풍 등으로 본래 이동 경로를 벗어난 새 (알바트로스, 군함조)

스트레일리아, 인도차이나, 인도, 스리랑카 등지에서 겨울을 납니다. 한국에는 4월부터 7월까지 찾아옵니다. 낙동강 하구에서는 신자도, 도요등, 신호리, 을숙도에서 만날 수 있어요.

쇠제비갈매기는 매우 신중하고 민감하게 번식지를 선택합니다. 수십에서 수백 마리가 집단으로 번식합니다. 땅 위에 둥지를 틀 때는 맨바닥을 조금 파고, 주변에 조개껍데기와 자갈을 모아서 만듭니다. 쇠제비갈매기는 한 번에 2~3개의 알을 낳는데, 보통 21일에서 24일 후에 부화하고, 부화 후 20일이 지나면 부모로부터 독립합니다.

낙동강 하구에 무슨 일이?

'신이 내린 철새의 낙원'이라 불리는 낙동강 하구는 예전의 모습이 많이 사라졌습니다.

1987년 하굿둑이 만들어지면서 하구역의 민물과 바닷물을 갈라놓아 기수역(민물과 바닷물이 섞이는 지역)이 줄어들면서 자연 하구의 모습을 많이 잃었어요. 특히 하굿둑 건설 이후로 더 이상 모래톱이 생기지 않고, 모래가 바다로 쓸려갔습니다. 신항을 건설한 뒤로는 가덕도 해안의 반동 파랑(잔물결과 큰 물결)으로 인해 모래섬의 유실이 가속화되면서 철새들의 서식지가 좁아졌습니다. 여기에 '4대강 사업'이 추진되면서 낙동강 하구에 돌이킬 수 없는 재앙이 닥쳤습니다.

낙동강 하구의 모래섬은 쇠제비갈매기의 국내 최대 서식지였습니다. 매년 4월에서 7월 사이 10,000km를 날아와 낙동강 하구에 터를 잡았죠. 신자도와 도요등에서는 전국 쇠제비갈매기의 약 70%가 번식했어요. 2009년 쇠제비갈매기의 개체 수가 최대로 늘었다가 급격히 줄어들기 시작합니다. 급기야 2013년에는 한 마리도 발견되지 않았습니다. 그 이후로 겨우 명맥만 이어가고 있는데요. 그토록 낙동강 하구를 사랑했던 쇠제비갈매기는 어디로 간 걸까요?

쇠제비갈매기는 2023년 멸종위기 야생생물 Ⅱ급으로 신규 지정됐어요. 세계자연보전연맹 적색목록에는 '최소 관심'종으

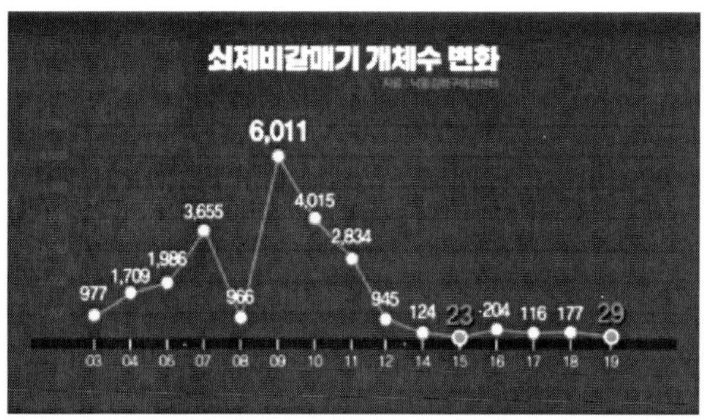

쇠제비갈매기 개체수 변화

로 분류돼 국제적인 멸종위기종은 아닌데요. 우리나라에서는 쇠제비갈매기의 출연 지점과 분포 면적이 지속해서 감소하는 추세이기 때문에 멸종위기 야생동물 Ⅱ급으로 지정된 것이죠.

「낙동강 하구 생태계 모니터링(1차년도~18차년도)」의 자료를 보면, 쇠제비갈매기의 서식 현황이 2004년부터 2009년까지 증가하다가 그 후 급격히 감소했습니다. 2013년도에는 그 수가 급격히 감소해 2019년까지 개체 수는 500개체 이하, 둥지는 50개 이하까지 떨어졌어요.

그 이유는 다양하게 분석되고 있습니다.

첫째, 개발이라는 미명하에 무분별하게 자연 훼손이 일어나 쇠제비갈매기의 서식지인 모래섬이 유실됐기 때문입니다.

둘째, 기후변화에 따라 해수면 높이가 상승하고, 홍수, 모래바람 등으로 쇠제비갈매기의 먹이가 줄어들고 있기 때문입니다.

셋째, 독수리, 멧돼지, 너구리 등 포식자의 위협과 인간의 개입으로 어미가 알을 낳지 않거나 새끼를 방치하여 죽음에 이르는 경우도 있습니다.

넷째, 방치된 폐그물도 쇠제비갈매기의 죽음의 원인이 됩니다. 쇠제비갈매기가 번식지 인근에 널린 폐그물을 피난처로 쓰면 나중에 빠져나오지 못해 죽습니다. 폐그물은 쇠제비갈매기뿐만 아니라 물가 인근에 사는 조류들에게도 치명적입니다.

다섯째, 쇠제비갈매기의 번식 습성을 고려하지 않고, 산란기에 모래톱 일대를 청소하는 등 서식지 교란 행위도 위험합니다.

여섯째, 인근 해수욕장에서의 레저 활동이 본격화되면서 쇠제비갈매기의 번식을 방해한 것입니다.

쇠제비갈매기가 낙동강 하구를 떠난 이유를 몇 가지로 단정할 수는 없습니다. 확실한 건 인간의 욕심이 자연을 훼손해 쇠제비갈매기가 더 이상 살 수 없게 됐다는 사실입니다.

쇠제비갈매기 서식지를 복원하라!

사라진 쇠제비갈매기를 낙동강 하구로 다시 불러올 수는 없을까요?

쇠제비갈매기 보전 사례로 경북 안동시의 안동호를 꼽습니다. 안동호는 산속 호수인데요. 호주에서 10,000km를 날아온 쇠제비갈매기가 이곳에서 둥지를 틉니다. 이곳에는 인공 모래섬이 있기 때문입니다.

과거 안동호는 모래밭을 품고 있어 쇠제비갈매기가 즐겨 찾았습니다. 하지만 수위가 상승하면서 번식지가 수몰돼 버렸어요. 더 이상 쇠제비갈매기가 살 곳이 사라진 거죠.

이를 안타까워한 시민과 언론인, 정부가 나섰습니다. 쇠제비갈매기가 번식할 수 있는 인공 모래섬을 조성했습니다. 그 결과, 2021년 쇠제비갈매기 무리가 다시 안동호를 찾기 시작했습니다. 이곳 주민들은 지금도 쇠제비갈매기의 번식지를 가꾸고 관리하고 있습니다.

부산도 가만히 있을 수 없었습니다. 2018년, 낙동강하구에코센터가 쇠제비갈매기 서식지 복원 사업에 나섰습니다. 을숙도 남쪽 3, 4km 떨어진 '도요등'에 먼저 서식지를 복원했습니다. 모래섬인 도요등은 섬 중앙 부분이 모래사장으로 돼 있어 쇠제비갈매기가 둥지를 틀기에 좋은 환경이었어요. 하지만 일부 구간에는 풀이 우거져 4,500여m^2 정도 제초 작업이 필요한 상황이었지요. 그래서 천적의 은신처가 될 수 있는 풀을 뽑아낸 뒤 쇠제비갈매기가 둥지를 틀 수 있도록 작은 모래 언덕 80여 개를 만들었습니다.

집단 번식을 하는 쇠제비갈매기의 습성을 고려해 모형 새 190마리를 모래 위에 세웠습니다. 일본으로부터 인공 서식지 복원에 사용됐던 새 모형을 도입했어요. 이와 함께 쇠제비갈매

쇠제비갈매기 서식지 복원지역

기가 몸을 숨길 수 있도록 섬으로 떠내려 온 폐타이어나 나무 토막, 원통형 구조물 등을 버리지 않고 그대로 활용했어요.

그 결과, 도요등에 축구장 2/3 크기의 서식처가 생겼습니다. 2022년 4월, 쇠제비갈매기 550마리가 낙동강 하구에서 다시 발견됐어요. 번식도 이뤄져 모래톱 곳곳에 둥지 220여 개를 발견했고, 알만 500개 넘게 확인했습니다. 그리고 두 달 뒤, 갓 태어난 쇠제비갈매기 새끼들이 모래섬에서 반가운 울음소리를 들려줬어요.

낙동강하구에코센터의 모니터링 결과, 2018년부터 쇠제비갈매기 개체수가 꾸준하게 증가하고 있습니다. 번식의 중요한 잣대인 둥지, 알 등도 증가하고 있는 것으로 봐서 쇠제비갈매기 서식에 긍정적인 변화를 예고하고 있습니다.

낙동강 하구 쇠제비갈매기를 구해줘!

우리나라 대부분의 하구는 하굿둑 건설, 간척사업, 갯벌 매립, 다리 건설 등으로 하구가 가지고 있던 자연스러운 모습을 점점 잃어가고 있습니다. 강의 끝을 막는 하굿둑을 건설하면, 바닷물과 강물이 둘로 나뉘어 기수역이 줄어듭니다. 또 아름다운 하구의 자연경관은 항만, 주거 단지, 공업 단지 등으로 바뀝니다.

단순히 아름다운 경관만 잃어버리는 게 아닙니다. 이를 터전으로 살아가는 많은 생물이 거주할 곳을 잃어버리고, 하구 생태계가 파괴됩니다.

갈대밭과 철새 도래지로 유명했던 낙동강 하구 역시 이 과정을 거쳤습니다. 낙동강 하구의 대표적인 겨울 철새인 큰고니가 갈 곳을 잃어버리고, 쇠제비갈매기가 더 이상 찾지 않은 시기를 겪었습니다.

다행히 최근에는 낙동강 하구의 생태계를 살리고자 하는 움직임이 활발해지고 있습니다. 하굿둑을 개방해 기수 생태계가 점차 복원되면서 연어가 돌아오고, 재첩

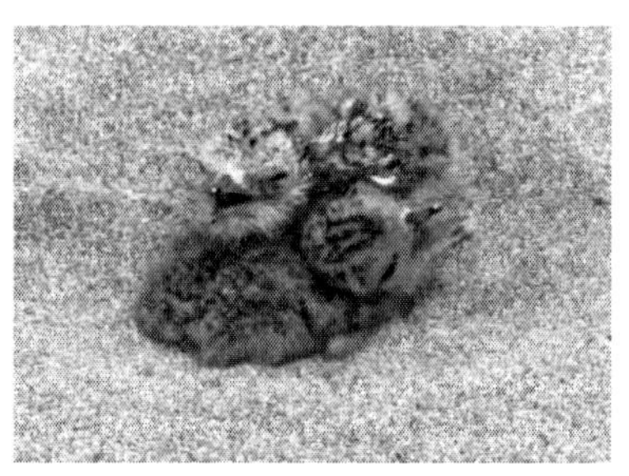

낙동강 하구에서 발견된 쇠제비갈매기 새끼

낙동강

이 살기 시작하는 등 새로운 생명이 움트고 있습니다. 쇠제비갈
매기가 복원된 도요등에 둥지를 틀고 알을 낳는 모습도 발견되
고 있습니다.

지금부터가 더 중요합니다. 자연과 인간의 공존은 노력 없이
이루어지지 않습니다. 최대한 자연이 훼손되지 않는 방향으로

개발이 이루어져야 합니다. 이 땅의 주인은 인간이 아닙니다. 아주 오래전부터 살아온 온갖 다양한 생명 모두가 주인입니다. 인간은 그중의 하나일 뿐이죠.

먼 길을 날아 어렵사리 찾은 터전인 낙동강 하구. 그곳에서 쇠제비갈매기들이 깍깍대며 말합니다. 우리들이 살 수 없는 곳은 인간 역시 살 수 없는 곳이라고. 인간과 자연이 아름답게 어울려 살아가는 세상을 만들어 달라고. 애타게 부르짖는 그들의 소리에 더욱 귀 기울여야겠습니다.

박미라

위대한 한국의 갯벌

사그락사그락 갯벌의 생물들이 움직이는 소리가 들리니? 질펙한 땅에 구멍이 숭숭 나 있는 곳으로 농게가 들락날락해. 갯벌은 밀물 때는 물에 잠기고 썰물 때는 물 밖으로 드러나는 모래 점토질의 평탄한 땅을 말해. 갯벌에 발이 쑥쑥 빠지면서 조개를 잡아 본 경험이 있니? 즐거웠던 기억을 되살려 함께 갯벌 속으로 빠져 보자.

갯벌은 어떻게 만들어졌을까?

지구 전체 지표면적의 약 6%에 해당하는 지역이 습지라는 것을 아니? 습지에는 지구상의 생물 중에서 약 2%가 살고 있고 어업 활동의 약 90%가 습지와 관련하여 이루어지고 있어. 습지는 수많은 생명체를 키우고 환경을 정화하고 있지. 한국의 갯벌은 약 5,000년 전부터 시작되었어. 아주 느리게 천천히 오늘의 모습을 갖게 된 거야. 긴 시간 동안 밀물과 썰물로 인해 펄과 작은 모래 알갱이가 바다 밑바닥에 쌓여서 만들어진 결과야. 날마다 두 차례 바다도 되었다가 육지도 되는 땅이 갯벌이야.

갯벌의 종류는 펄 갯벌, 혼성 갯벌, 모래 갯벌이 있어. 펄 갯벌은 바닷물이 들어오고 나가는 속도가 느린 곳에서 만들어진 갯벌이야. 혼성 갯벌은 모래와 펄이 섞여 있어 너무 딱딱하지도 질퍽거리지도 않지. 그래서 게나 조개가 구멍을 파고 살기 알맞아. 모래 갯벌은 바닥이 단단해서 발이 푹푹 빠지지 않고 바닷물이 밀려왔다 밀려 나간 흔적이 아름다운 물결무늬를 이루고 있어.

갯벌의 특징

지구상의 5대 갯벌은 아메리카의 캐나다 동부, 미국 동부, 아마존강 유역과 유럽 북해 연안, 그리고 우리나라 서해안 갯벌이야. 갯벌은 많은 동식물종과 식물종을 품고 있으며, 이러한 생물들은 서로의 생장을 도와주고 생태계의 균형을 유지하지. 갯벌은 육지에서 흘러드는 유기물을 정화하고, 생물이 산란할 수 있는 곳을 제공해. 게나 조개 등 우리에게 익숙한 수산물도 생산하지. 또 홍수 피해를 예방하고 태풍으로 연안을 보호할 뿐만 아니라 해안 침식을 예방하고 해양 환경을 보호하는 데 중요한 역할을 해. 그리고 기후변화의 주범인 탄소를 보관하기도 하는데, 이를 블루카본(Blue Carbon)이라고 해. 아직 정식 탄소 흡수원으로 인정받지는 못했으나, 해양생태계가 육상생태계보다 온실가스 흡수 속도가 최대 50배 빠른 것으로 알려져 새로운 온실가스 흡수원으로 주목받고 있어.

갯벌은 우리나라 서해안에서 자주 볼 수 있어 흔하다고 생각하지. 전 세계적으로 보면 매우 한정된 지역에만 있는 지형으로 소중한 국가자원이야. 특히 우리나라의 갯벌은 생물다양성이 세계 최고 수준이고 멸종 위기종이 많이 살고 있어.

한국의 갯벌

우리나라는 국토 면적에 비해 매우 긴 해안선을 갖고 있지. 들어가고 나옴이 많은 모양이라 해안선을 직선으로 펴면 길이가 11,543km나 돼. 서울에서 부산까지 거리의 27배, 지구 둘레의 1/4이나 된다니 정말 놀랍지? 그곳에 펼쳐진 갯벌의 넓이가 2,800km^{2}야. 우리나라 전체 땅 넓이의 3%에 해당하는 엄청난 넓이지.

갯벌의 80% 이상이 서해안을 따라 펼쳐져 있고, 나머지 17% 정도가 남해에 있어. 남해안이 섬도 많고 해안선이 복잡한데도 갯벌 면적이 적은 것은 밀물과 썰물 때의 수면 높이 차가 크지 않기 때문이야.

갯벌은 다양한 동식물과 식물의 서식지야. 조개류, 게류, 연체류 등의 해양 저서동물*과 식물인 해초, 조류, 바다풀 등이 발견되지. 또한 갯벌은 많은 조류와 양서류의 번식지 역할도 해. 예를 들어, 일부 종의 조류는 갯벌에서 번식하여 알을 낳고, 이 알들은 갯벌에서 부화하여 어린 조류들이 생태계에 참여하기도 해.

한국 갯벌에 서식하는 저서동물

갯벌에 서식하는 생물들은 조수간만의 차 등 시시각각으로 변하는 갯벌의 열악한 조건에서 살아남기 위해 진화를 거듭했어. 갯벌 특성에 맞게 나름대로 독특한 생존방식을 터득한 이들 생물들은 갯벌이 아니면 찾아볼 수 없지.

갯벌에는 다양한 크기의 생물들이 살고 있어. 우리 눈에 잘 보이는 갯지렁이류나 조개류, 고동류, 게류, 새우류 등 대형 저

---

* 저서동물은 바다, 늪, 하천, 호수 따위의 밑바닥에서 사는 동물을 통틀어 이르는 말이다. 바다에는 말미잘, 불가사리, 가자미, 해삼 따위가 있고 호수에는 조개류 따위가 있다.

서동물들이 있는가 하면, 눈으로 식별이 불가능한 펄 갯벌 속의 선충류나 모래갯벌 속의 요각류 등 중형 저서동물도 있지. 그리고 박테리아를 포함한 단세포 동물과 같은 소형 저서동물들도 많아.

한국 갯벌에 서식하는 염생식물

갯벌에서 자라는 식물을 본 적이 있을 거야. 언뜻 생각하면 소금기가 있는 땅에서 자라는 식물은 없는 것 같지만, 소금기 있는 바닷물이 드나드는 갯벌에서도 잘 자라는 식물이 있어. 이를 염생식물(halophyte)이라고 해. 식물이 높은 염분에 적응한다는 것이 매우 어려운 일이지만, 할 수 있다면 다른 종들과의 경쟁을 피할 수 있는 이점도 있어. 대표적인 염생식물에는 갈대, 갯잔디, 갯질경, 나문재, 번행초, 칠면초, 퉁퉁마디(함초) 등이 있으며 우리나라에는 21과 60여 종이 분포하는 것으로 알려져 있지. 서해안 갯벌을 중심으로 염생식물들이 잘 발달했고 그 면적이 넓어 세계적으로 매우 중요한 생태적 위치를 차지하고 있어. 하지만 간척사업으로 갯벌이 사라지면서 함께 사라지게 된 염생식물도 있어.

멸종위기에 처한 물새들의 중요한 서식처

　한국의 갯벌에 주기적으로 도래하는 물새들은 150여 종에 달해. 100만 마리 이상의 도요·물떼새류와 오리·기러기류 등 다른 물새류까지 포함하면 한국의 갯벌을 다양한 형태로 이용하는 물새들은 200만 마리 이상이 돼.

　한국갯벌은 국제적으로 이동하는 물새들의 서식지야. 국제적으로 멸종 위기에 처한 물새류가 많이 찾아오지. 한국 정부는 멸종 위기에 처한 물새류를 멸종 위기 야생 동식물로 지정하여 보호, 관리하고 있어.

　이처럼 지구적으로 조류의 생물종 다양성을 유지하기 위해,

① 노랑부리 백로
② 댕기 물떼새
③ 넓적부리도요

주요 보호 철새종

가장 먼저 보전해야 할 생태계가 갯벌이라는 사실을 알 수 있지.

위대한 한국의 갯벌

　람사르 협약(Ramsar Convention)은 습지 자원의 보전과 현명한 이용을 위해 국가 행동계획 또는 국제적 협력을 추진하는 정부 간 협약이야. 우리나라는 1997년에 101번째로 람사르 회원국이 되었지. 그리고 2006년 1월, 순천만이 우리나라 연안습지로서 최초로 람사르 습지로 지정되었고, 2008년 1월에 무안 갯벌이 두 번째로 지정되었어.

　한국의 갯벌은 충남 서천, 전북 고창, 전남 신안 · 순천 · 보성에 걸친 갯벌로, 멸종위기 바닷새들의 서식지로서 우수한 생태적 가치를 인정받아 2021년 7월 세계자연유산으로 등재되었어.

　한국의 갯벌이 세계유산으로 등재된* 것은 유럽 와덴해, 중국 황해습지에 이은 세 번째로, 국제적으로도 그 가치를 높게 인정받고 있어.

　한국의 갯벌생물 다양성(총 650종)은 유럽의 와덴해 갯벌(총

---

* 세계자연유산으로 지정된 '한국의 갯벌'은 1,293.46km^2(129,346ha)로 52%에 이른다. '한국의 갯벌' 면적은 신안 갯벌이 85%, 서천 갯벌이 6.8%, 고창 갯벌 5%, 보성·순천 갯벌 4.6%이다.

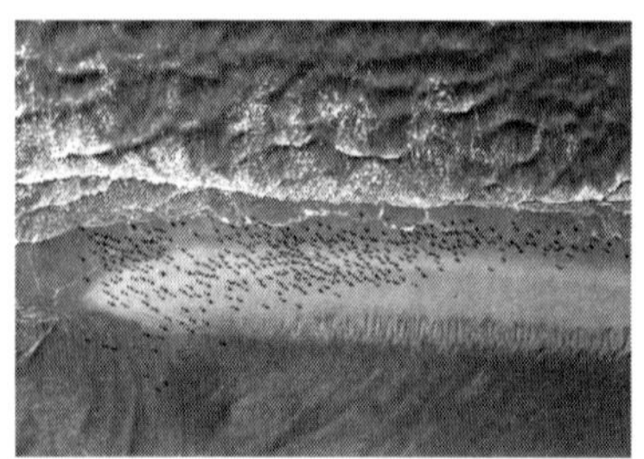

서천 갯벌
(모래톱 위에서 휴식을 취하는 도요물떼새)

고창 갯벌
(고창갯벌 대죽도 주변의 모래 갯벌)

신안 갯벌
(전 세계에 기록된 바 없는 모래-자갈선형체)

보성 갯벌
(대포항 주변의 세립질의 펄 갯벌과 장도 갯벌)

순천 갯벌
(먹이활동을 준비하는 흑두리미)

고흥 갯벌
(습지보호지역으로 지정)

우수한 한국의 갯벌

400종) 세계자연유산보다 1.6배 높아. 한국의 갯벌은 정말 굉장하지.

한국의 주요 갯벌

1. 한강·임진강 하구 갯벌	13. 영광 갯벌
2. 강화도 갯벌	14. 함해만 무안 갯벌
3. 웅진 장봉도 갯벌	15. 신안 압해도·증도 갯벌
4. 영종도 갯벌	16. 진도 갯벌
5. 시흥 갯벌	17. 강진-도암만 갯벌
6. 아산만 갯벌	18. 보성·벌교 갯벌
7. 가로림만 갯벌	19. 순천만 갯벌
8. 태안 근소만 갯벌	20. 섬진강 하구 갯벌
9. 금강 하구 서천 갯벌	21. 사천-강진만 갯벌
10. 새만금 갯벌(만경·동진강 하구)	22. 낙동강 하구 갯벌
11. 부안 줄포만 갯벌	23. 제주 종달리 갯벌
12. 고창 갯벌	

삶의 터전 갯벌

한국 어민들은 오랜 세월의 경험축적으로 바다와 갯벌을 이해하고, 현명하게 이용하는 방법을 터득해왔어. 갯벌은 자연과 인간이 공존하는 삶의 터전이었지.

어민들은 물때(하루에 두 번씩 밀물과 썰물이 들어오고 나가고 하는 때)에 맞추어 어업활동을 했어. 지속가능한 방법인 호미나 갈퀴 등 간단한 손도구만을 이용해 각종 조개류와 낙지, 해조류 등을 채취했지.

갯벌의 활용에서 중요한 것 중의 하나가 소금 생산이야. 예로부터 소금은 매우 중요한 국가적 자원이었지. 한국 갯벌은 소금을 생산하는 데 유리한 자연환경을 가지고 있어. 그리고 김과 굴 같은 양식어업이 발달했지. 또한 갯벌 체험, 휴양, 관광 등 훌륭한 관광자원으로도 활용이 되고 있어.

갯벌이 위험해

갯벌을 '버려진 땅', 또는 '쓸모없는 땅'으로 간주하여 많은 갯벌이 산업 용지나 택지 및 농지로 탈바꿈되었어. 새만금 간척사업은 부안에서 군산을 연결하는 세계 최장의 방조제 33.9km를 쌓아서 만드는 국토개발 사업이야. 1991년부터 공사를 시작하여 현재 30년 넘게 진행되고 있지. 지금 새만금에 가서 방조제 안쪽 바다와 호수를 둘러보면 얼굴을 찡그리지 않는 사람이 없을 거래. 방조제 완공 직후부터 수시로 발생하는 적조* 현상

---

* 편모충류 등의 이상 번식으로 바닷물이 붉게 물들어 보이는 현상, 바닷물이 부패하기 때문에 어패류가 크게 해를 입는다.

때문에 물빛이 온통 검붉게 변했고, 해안에는 누런 거품이 띠를 이루며 밀려다니고 있어. 내륙으로부터 강물에 실려 온 오염물질 때문이지.

방조제가 생기기 전에 내륙에서 흘러오는 오염 물질은 지금과 마찬가지였을 거야. 그런데도 별 탈이 없었던 것은 갯벌이 모든 걸 알아서 처리해 준 덕분이었지.

세계 5대 갯벌의 하나인 미국의 조지아 갯벌이 있는 조지아대학교의 오덤 교수는 갯벌의 정화 능력을 계산해 냈어. 사람들이 갯벌의 가치를 모르고 계속 개발만 하려 드니 이런 연구를 한 거야. 오덤 교수의 연구 결과를 우리나라에 적용했지. 하루 10만 톤의 물을 정화하려면 하수처리장 40개가 있어야 하는데, 새만금 갯벌은 그 일을 하고 있다는 거야. 갯벌은 육지에서 발생하는 각종 오염물질을 정화하는 기능을 가지고 있거든. 바로 그게 갯벌을 '해양 생태계의 콩팥'이라고 부르는 이유야.

간척사업 때문에 영원히 사라진 생물이 있대. 1960년대에 전라북도 부안군의 계화도 갯벌에 '농합'이라는 조개가 살았는데 간척사업 이후 이제 볼 수 없게 되었어. 안타깝게도 한번 사라진 생물은 다시 나타나지 않아.

물이 오염되면 이것을 먹고 사는 작은 생물들이 오염되고, 또 이 작은 생물을 먹이로 하는 생물이 오염되고 마침내 우리 몸까지 오염되겠지. 염생식물과 저서동물들이 사라지면 잠시 갯벌을 서식처로 이용하는 철새와 산란 및 서식처로 이용하는 어류들의 생태적 순환 고리가 끊기게 될 거야. 갯벌은 돈으로 따질 수도 없는 어마어마한 가치를 품고 있는 거지.

갯벌을 지켜줘!

세계 여러 나라의 갯벌 지키기 운동

미국은 법과 제도를 만들어 갯벌을 지키고 있어. 정부나 시민단체에서 갯벌을 사들여 안전하게 지킨대. 갯벌을 사기 위해 미시간 자연보호협회, 철새협회 같은 환경단체에서 모금 활동을 하고, 자기의 재산을 기부하기도 한대. 메릴랜드 주에서는 갯벌 이용료를 물게 해서 갯벌을 보호하고 있다고 해.

독일은 일찌감치 갯벌의 중요성을 느끼고 모든 갯벌을 국립공원으로 지정했다고 해. 갯벌을 방문할 때도 갯벌에 뛰어들어가 고함을 지르고 장난치고 하는 일이 없대. 생명에 대한 예의를 갖추고 겸손해야 하기 때문이지. 식물을 캐거나 동물을 잡아서는 안 되고, 사진을 찍거나 영화를 촬영하는 것이 금지된 곳도 있어. 갑작스러운 사람의 행동이 동물을 놀라게 할 수도 있기 때문이라고 해. 또, 다양한 교육프로그램과 100년이 넘는 갯벌 연구소가 있어 아름다운 갯벌과 자연을 간직할 수 있다고 해.

네덜란드와 일본은 갯벌을 잃고 나서야 문제점을 인식하고 갯벌의 소중함을 알아가고 있는 중이야.

사라질 뻔했던 갯벌 영산강 4단계 간척사업

무안군 해제면 용산마을에는 무너진 둑이 고스란히 남아 있어. 5, 60년대 주민들이 직접 지게에 돌을 날라 쌓은 둑이었대. 배를 곯지 않으려면 벼농사가 최고이던 때, 무안 사람들은 갯벌을 메울 생각이었어. 하지만 며칠 지나지 않아 둑이 무너져 내렸어. 사람들은 낙지와 석화가 죽는다며 그 둑을 다시 쌓지 않았지. 그리고 1992년 나라에서는 영산강 간척사업을 발표하고 무안갯벌을 틀어막으려 했어. 주민들은 일도 뒷전으로 미룬 채 피켓을 들고 반대를 외쳤고, 정부는 마침내 간척사업을 취소하기에 이르렀어. 무안 사람들에게 갯벌 없는 무안은 더 이상 무안이 아니었던 거야.

작년 람사르 총회에서 무안 월두마을 사람들이 마당극 ‘갯벌가’를 세계인들 앞에 선보였어. 6개월 넘게 악기도 배우고 난생처음 연기를 배워가며 한 일들이야. 갯벌에 사는 사람들의 일상과 갯벌의 중요성을 다른 사람들에게 알리기 위한 것이었지.

갯벌을 지키기 위한 이곳 사람들의 의지였어. 무안 주민들은 갯벌과 함께 살아가는 법을 누구보다 잘 알고 있었던 거야.

또한 무안 주민들은 외지인들이 방치한 폐그물 때문에 갯벌을 뛰놀던 오리가 죽은 것을 보고 일손도 팽개쳐둔 채 갯벌 청소에 나섰어. 무안 사람들은 갯벌을 떠나 살 수 없고, 사람도 갯벌에 의지해 살아가는 하나의 생명일 뿐이라고 생각하는 거야.

갯벌, 미래 세대에게 물려줄 유산

현세대가 다음 세대의 것을 몽땅 당겨쓰는 것은 사회적으로 바람직하지 못하다는 '새만금 갯벌 보전에 대한 미래세대 소송'이 있었어. 갯벌은 현세대의 소유물이 아니라 미래 세대가 관리를 맡긴 공공의 재산이고 미래 세대로부터 빌려온 것이라는 거야. 법원은 "미래 세대에게 소송 제기의 자격이 있음"을 확인해 주었대.

2024년 4월 해양수산부에서 '한국의 갯벌' 유네스코 세계자연유산 등재 3주년 기념행사가 개최되었어. 한국 갯벌의 우수성을 전 세계에 널리 알리고 지속 가능한 보전과 관리를 위해서야.

우리나라 갯벌은 많은 종류의 동식물과 생물다양성이 뛰어나서 해양 생태계에 큰 역할을 해. 그러나 인간의 활동으로 인해 많은 갯벌이 손상되고 멸종 위기에 처해 있어.

갯벌을 잃어버리고, 물이 썩고, 생물들이 떼죽음을 당하고, 갯마을 사람들의 공동체가 허물어지고 나서야 갯벌의 소중함을 깨닫는다면 그땐 늦을 거야. 갯벌을 파괴하는 것은 우리 자신이라는 것을 인식하고, 결국은 돌고 돌아서 부메랑처럼 우리들에게 돌아온다는 것을 알았으면 해.

유구한 지구의 역사와 더불어 탄생한 독특하고 아름다운 한
국의 갯벌은 미래 세대에게 물려줄 소중한 유산이라는 것을 잊
지 말았으면 좋겠어.

김은아

푸른바다거북은 어쩌다 비닐을 삼켰을까?

푸른바다거북의 생태 환경

용궁의 사신 푸른바다거북(Chelonia Mydas). 그리스 신화 속 인물인 황금손 미다스 왕한테서 이름을 따왔다. 거북한테 짜낸 기름이 녹색이라 그린 터틀(Green Turtle)로 부르기도 한다.

푸른바다거북은 한국의 동해안과 남해안에 나타나며, 태평양과 인도양 열대 및 아열대, 온대 바다에 널리 퍼져 살아간다. 커다란 덩치와 등딱지를 가졌고, 등갑 길이는 70~153cm, 몸무게 68~190kg 정도. 등면은 푸른색 바탕에 갈색, 배는 누런 흰색, 다리 밑에 흑갈색 무늬가 생긴 것도 있다. 서식지는 해초가 많고 얕은 바다에서 살며, 체온을 높이려고 뭍으로 자주 올라와 일광욕도 즐긴다. 바닷속 해초 끄트머리를 뜯어먹어 해초들이 건강하게 자라도록 도와준다. 천적은 인간, 바다악어, 범고래, 대형 상어다.

하얀 비닐을 삼키는 푸른바다거북

알을 낳는 시기는 5월 하순에서 8월이다. 암컷은 낮에 햇빛이 잘 드는 모래 위로 올라와 구멍을 파고, 120~200개 정도 알을 밤에 낳는다. 특이한 점은 알이 부화될 때, 주변 모래 온도가 높으면 암컷, 낮으면 수컷으로 결정된다. 따라서 지구 온난화로 수컷 거북이 사라질 지경이다. 바다에 떠다니는 해양쓰레기 문제까지 더해져 국제적으로 멸종위기 생명체로 결정되었고, 대부분 나라에서 보호종으로 지정했다.

푸른바다거북은 어릴 땐 잡식성이라 작은 물고기, 해조류, 해초 등을 먹는다. 자라면서 초식으로 변하고 특히 해파리를 좋아한다. 바다에 떠다니는 플라스틱 중에 비닐을 해파리로 착각해 삼키고, 비닐들이 몸속에 쌓여 고통을 받는다.

바다로 버려지는 플라스틱 종류

푸른바다거북이 삼켰다는 플라스틱. 플라스틱은 위대한 발명이었지만 현재는 골칫덩이로 변했다. 쓰다 만 플라스틱이 바다로 몰려가는 바람에 해양쓰레기로 전락하고 말았다. 도대체 플라스틱은 어떻게 만들어졌을까?

플라스틱은 1869년 독일에서 비싼 당구공 재료를 찾다가 만들어졌다. 이때는 천연재료로 만들었지만, 1907년 미국에서 합성 물질로 만든 최초의 플라스틱이 태어났다. 이후 마법 같은 물질로 대우받으며, 다양하게 발전하면서 오늘에 이르렀다.

플라스틱으로 만들어진 물건은 셀 수 없이 많다. 비닐봉지, 면봉, 음식물 포장지(감자튀김, 과자봉지), 음료수 용기(요구르트 통, 주스병 등), 칫솔, 페트병, 병뚜껑, 낚시 그물, 낚시줄, 레고 장난감, 핸드폰, 엘피와 시디, 비디오테이프, 옷감, 자동차와 비행기에도 플라스틱이 장착되었다.

어른들이 무심코 버린 담배꽁초와 어린이들이 갖고 노는 풍선, 행사장마다 공중에 날린 애드벌룬도 플라스틱이 재료다. 이

바다로 버려진 해양쓰레기들

제 플라스틱은 전 세계인의 일상에서 빠질 수 없는 존재다. 특히, 코로나 시기를 거치면서 일회용 플라스틱 사용이 급격히 늘어났다. 플라스틱은 바다뿐 아니라 지구 곳곳에서 돌고 돌아 해양쓰레기(trash)가 되었고, 바다와 어우러져 살고 있는 사람의 삶까지 위협하고 있다.

육지에선 플라스틱 쓰레기를 땅에 묻거나 태워 없애지만, 바다에선 파도와 해풍 등 자연 작용으로 플라스틱이 자디잘게 분해된다. 이것들은 **미세플라스틱**으로서 해양생태계를 위협하고 악영향을 미친다. 또 해류를 타고 이동하기에 다른 나라에도 피해를 준다. 우리나라도 겨울철이면 북서풍 영향으로 제주 해안가에 외국산 플라스틱 용기가 한가득 몰려와 쌓인다. 자칫하면 외교 문제로 번질 수도 있다.

우리나라를 비롯한 전 세계 바다가 플라스틱으로 오염되다 보니, 해양 생물들의 피해는 매우 심각하다. 해양쓰레기를 잡아 먹거나, 쓰레기에 얽혀 피해 보는 생물이 500종에 이르며 15% 이상이 멸종위기종이다. 그중에 북방물개, 캘리포니아 바다사자, 풀마슴새, 북대서양참고래, 붉은바다거북, 푸른바다거북이 있다. 그렇다면 바다로 버려지는 어마어마한 양의 플라스틱들은 어디로 갔을까?

저기, 태평양 한가운데 지도에 없는 섬이 덩그러니 떠 있어.
가까이 다가가서 살폈더니, 세상에나!
온통 플라스틱들이 모여서 만들어진 섬이잖아.

바다 쓰레기 섬의 실체

바다로 떠내려간 쓰레기 중에 플라스틱이 모이고 모여서 만들어진 곳이 플라스틱 섬이다. 이 쓰레기 섬은 **환류**가 흐르는 곳에 만들어졌다.

미국의 해양환경 운동가 찰스 무어가 쓰레기 섬인 GPGP(Great Pacific Garbage Patch, 거대한 태평양 쓰레기장)를 발견했다. 이후 세계 과학자들이 3년간 GPGP를 조사했더니, 플라스틱 쓰레기 개수가 초대형 비행기 500대와 맞먹는 무게라고 한다. 문제는 쓰레기 섬이 점점 커지고 있고, 2050년에는 물고기보다 해양쓰레기가 많을 거라 예상된다는 점이다.

환경운동가들은 GPGP와 해양쓰레기의 심각성을 알리고 해결하기 위해, 유엔(UN)에 쓰레기 섬을 하나의 국가로 인정해 달라 요구했다. 이후 GPGP의 첫 번째 국민은 미국 부통령을 지낸 엘 고어이고, 영국 배우 주디 덴치가 여왕이며, 국방장관도 내세웠다. 떠다니는 쓰레기 때문에 고통받는 고래, 거북 및 물

환류란?

소용돌이 형태로 회전하는 커다란 형태의 해류. 사람들이 버린 육지 쓰레기가 바다로 흘러가 해류를 타고 순환하다 모이고 쌓여 쓰레기 섬이 만들어졌다.

지구에는 **5개의 환류**가 있다. 북태평양, 북대서양, 인도양, 남태평양, 남대서양 환류다. 그중 **북태평양 환류**가 가장 크고, 바다에 만들어진 쓰레기 섬 중 가장 큰 섬도 북태평양에 만들어졌다. 크기는 2018년에 **대한민국 면적의 16배**가 넘었다.

쓰레기 섬

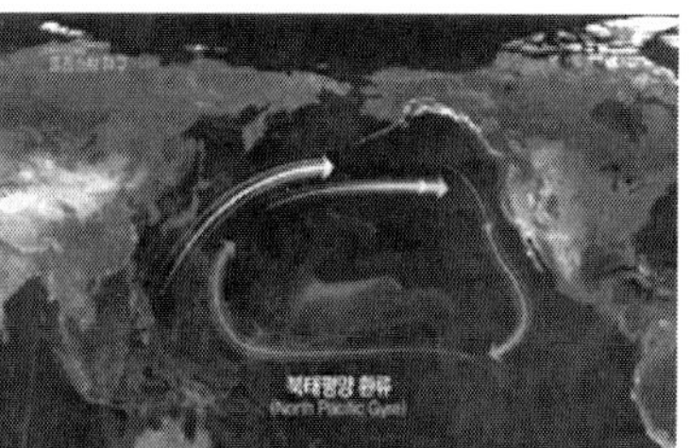

북태평양 환류

쓰레기 섬에 대한 관심을 높이려고 만든 여권, 우표, 화폐

개가 등장하는 지폐 및 국기와 재활용 물질로 만들어진 여권, 공식 우표도 있다.

GPGP가 정식국가와 유엔 일원이 되면 주변 나라에서 GPGP의 쓰레기를 치워야 할 의무가 생긴다. 유엔 회원국은 지구 생태계의 건전함과 건강을 보존, 보호, 회복하기 위해 국제적인 협조가 필요하다. 이것이 대규모 해양쓰레기를 국경 없이 처리할 방법이라서 환경운동가들은 쓰레기 섬을 유엔의 회원국가로 만들려는 이유다.

해양쓰레기 문제는 인류의 생존과 바다 생태계에 크나큰 위협이다. 경각심을 가지고 늘어나는 해양쓰레기와 쓰레기 때문에 발생하는 문제에 높은 관심이 필요하다.

사람과 푸른바다거북이 함께 살아가려면 알아야 할 게 많아.
해양쓰레기가 지구 환경에 끼치는 문제는 뭘까?

쓰레기 때문에 벌어지는 사태

1) 바다 생명체들의 피해

쓰레기 섬이 만들어질 만큼 엄청난 쓰레기가 바다로 떠내려갔다. 육지에서 버린 쓰레기는 생활 속에서 버린 플라스틱 제품들이 대부분이다. 강이나 바닷가에 놀러 갔다가 안 치우고 버

플라스틱과 함께 떠다니는 바다거북

린 것들은 비나 태풍이 오면 갈대나 썩은 나무, 동물 사체 등과
섞여서 바다로 떠내려간다. 바다에서 활동하는 어민들도 그물
조각, 어망 부위(스티로폼) 등을 버린다.

바다에 닿은 쓰레기들은 바다 생명체에 크나큰 악영향을 끼친다. 특히 해양 보호종인 푸른바다거북이 숨진 채 발견되는 경우가 자주 일어난다.

연안에서 해조류를 먹고 사는 푸른바다거북의 수명은 80년 이상이지만, 최근 3년간 푸른바다거북을 포함해 거북 사체를 발견하는 경우가 많아지고 있다. 2021년 19건, 22년 17건, 23년 25건이다.

이외 바다 생물들 피해는 날로 늘어나는데, 푸른바다거북이 가장 심각하다. 푸른바다거북의 번식지인 바닷가 모래사장 개발, 환경오염, 과한 원양어업으로 개체 수 및 번식률이 급속도로 감소했기 때문이다.

사람의 잘못으로 바다의 뭇 생명체들이 빠른 속도로 사라지고 있다. 바다 생명체들은 플라스틱 쓰레기를 스스로 걷어내지 못한다. 그 가운데 바다거북의 피해가 큰데, 푸른바다거북이 플라스틱을 먹기 때문이다. 그 이유는 4가지 정도로 추정된다.

첫째, 바다에 플라스틱 쓰레기가 너무 많다. 배고픈 상태의 거북은 무언가 먹으려 할 때 눈에 많이 띄는 비닐류를 삼켰을 거다. 두 번째, 바다에 떠다니는 비닐봉지는 해파리와 비슷하게 보인다는 거다. 해초 사이에 끼어 있는 녹색 끈 조각을 먹이와 구분하지 못하는 거랑 같다. 세 번째, 냄새다. 플라스틱이 바다에 오래 머물면 표면에 식물성 플랑크톤이 붙는다. 이 냄새가 바다거북에겐 맛있는 향으로 느껴진다고 한다. 네 번째는 해부학적인 이유다. 거북 식도에는 뾰족한 돌기가 한 방향으로 나 있는데, 이 돌기 때문에 식도로 넘어간 것은 뱉거나 토하기 어렵다. 결과적으로 배고픈 바다거북이 시각과 후각의 착각으로 플라스틱을 삼키고, 신체적 이유로 뱉어낼 수 없어 장 속으로 들어가는 것이다. 따라서 거북을 보호하려면 플라스틱 쓰레기가 바다로 가는 걸 막아야 한다.

현재 푸른바다거북을 국제자연보전연맹(IUCN)과 멸종위기에 처한 야생 동식물 종의 국제 거래에 관한 협약(CITES)에서 멸종위기종으로 지정·보호하고 있다.

2) 해양 선박의 고장

우리나라 선박 사고 원인의 10%는 해양쓰레기로 밝혀졌다. 여객선이나 상선 같은 해양 시설에서 무심코 버린 쓰레기와 태풍과 강풍 때문에 양식 시설이나 어구와 어망이 떨어져 나가면서 생겨난 쓰레기들. 특히, 바다에 버려진 밧줄과 어망이 선박 추진기에 감기거나, 비닐봉지가 냉각수 파이프로 빨려 들어가면서 엔진에 과부하가 걸려 운항하지 못한다.

3) 인체에 미치는 영향

해양쓰레기들은 해류와 파도로 인해 미세플라스틱으로 쪼개진다. 미세플라스틱 피해는 우리 인체에 직접 영향을 끼친다. 사람이 일주일 동안 섭취하는 미세플라스틱은 약 2천 개로 5g이나 된다. 미세플라스틱이 몸속에 침투하면 뇌신경까지 영향을 끼칠 수 있고, 체내에 흡수되면 염증 발생과 호흡기 질환으로 이어질 수 있다. 혈액 순환에 문제가 생기면 면역 체계도 약해진다. 현재까지 밝혀진 건 미세플라스틱이 사람한테 부정적 영향을 주는데, 사용하다 버린 플라스틱이 마지막에 이르는 곳은 사람 몸이라는 거다.

4) 생태계 이상 신호

해양으로 밀려온 플라스틱은 5mm 미만의 미세플라스틱으로 분해된다. 미세플라스틱은 해양 생물의 먹이가 되고, 바닷물도 산성화가 된다. 이것은 해양생태계에 영향을 끼치고 많은 어류와 동물성 플랑크톤이 산성화된 바닷물에서 생식능력이 떨어지며, 먹이사슬에 따라 사람한테 연결된다.

플라스틱으로 인한 선박사고 원인

날마다 늘어나는 해양쓰레기를 두고 볼 거니?

해양쓰레기가 넘쳐나면 배고픈 푸른바다거북이 닥치는 대로 삼킬 텐데,

바다로 흘러가는 쓰레기를 어떻게 막아내지?

해양환경 운동가

바다로 떠내려간 쓰레기를 막으려고 애쓰는 사람들이 늘어나고 있다. 대표 인물은 네덜란드 출신 '보얀 슬랫(Boyan Slat)'이다. 청소년 보얀이 바닷가로 피서 갔다가 물속에 떠다니는 미세플라스틱을 발견하고, 해양쓰레기를 없애야겠다고 결심했다.

2020년, 만 25세 보얀은 해양쓰레기를 없애려고 비

바다쓰레기를 막으려는 해양환경 운동가
보얀 슬랫과 쓰레기 처리 기계
(오션클린업)

영리 단체인 '오션클린업'을 탄생시켰고, 지금도 이 사업을 진행 중이다. 이외 바닷가 연안에서 쓰레기 줍는 사람들을 가리켜

비치코머라 부르는데, 요즘은 바닷가 곳곳에서 활동하는 비치코머들이 늘어나고 있다.

비치코머들이 늘었다는 소식이 들려와 참 다행이야.
해변에서 쓰레기를 줍는 것도 좋은데, 더 적극적인 방법은 없을까?

바다 쓰레기를 이용한 예술 활동(리사이클링)

비치코밍 포스터

예술가들은 바다에서 건져 올린 쓰레기로 재활용 방법을 찾아냈다. 그들은 폐플라스틱으로 작품을 만들어 냈고, 많은 이들에게 바다 환경오염에 대한 경각심을 불러 일으켰다. 또한 쓰레기를 재활용하는 좋은 사례까지 보여주었다.

이런 리사이클링은 자원 재활용을 높이고 환경 보호에 큰 역할을 한다. 자원 보존, 에너지 절약, 환경오염 감소, 쓰레기 매립 공간 감소 등 다양한 효과가 있다. 많은 이들이 참여하고 노력한다면 더 큰 변화를 만들어 낼 것이다.

바다에 버려진 쓰레기로 만든 예술작품들-해운대 바다 비치코밍 축제 전시작품

썩지 않는 쓰레기가 예술품으로 탄생한 건 멋진 아이디어잖아.
이런 예술품을 감상할 때, 해양쓰레기에 대한 경각심이 높아지면 좋겠어.

마무리

플라스틱은 생활용품에서 복잡한 의료기기까지 생활 전반에 영향을 끼친다. 편리함과 효용성이 높지만, 하루에 백만 톤이상 버려지는 플라스틱 폐기물을 모두 처리하기 어렵고, 재활

용에도 한계가 있다. 폐플라스틱 제거 기술은 전 세계가 합심해서 노력하고 개발할 필요가 있다. 바다에 버려지는 플라스틱을 수거하고 정리하기 위해 로봇 기술을 개발하고, 드론이나 자동화된 수거 장비를 활용해 더 효과적인 해양 정화 작업도 필요하다.

최근에는 플라스틱을 만들 때부터 자연적으로 생분해하는 연구도 진행 중이다. 세계 곳곳에서 플라스틱을 분해하는 미생물 3만여 개를 발견했다는 소식도 들려온다. 유엔 회원국들은 분해 가능한 플라스틱 제작과 국제협약을 만들기로 합의했다. 해양쓰레기 문제는 이처럼 국제사회가 다 같이 노력해야 한다. 우리나라도 발 빠르게 해양쓰레기 문제 해결을 위해 국제협력을 강화하고 있다.

해양쓰레기 문제 해결은 국가의 노력과 개인의 행동 실천이 꼭 필요하다. 일회용 플라스틱 줄이기, 해양쓰레기 되가져오기,

해양 청소, 해양 생명체의 멸종을 막고 위기종을 지키려는 활동이 바다를 구하는 것이며, 바다 생명체들과 함께 살아가는 거다. 당연히 푸른바다거북의 생명뿐 아니라 많은 바다 생명체를 지켜낼 것이다.

푸른바다거북의 멸종을 막으려면 마음먹은 걸 행동으로 옮겨야 해.
오늘부터 플라스틱 사용하는 걸 줄여보기. 자, 약속! 잘 지켜낸다면
푸른바다거북이 빙그레 웃을 거야. 당연히 제 수명만큼
오래오래 살 수도 있겠지. 우리랑 함께!

이상미

3부

해양관광

낙동강 하구 생태관광이란?

　오늘날 많은 사람이 여가 시간을 이용해 여행을 즐긴다. 국내 여행뿐 아니라 해외여행까지 보편화되기 시작하면서 관광산업은 이제 지역경제 발전을 이끌어갈 주요한 산업으로 자리 잡았다.

　하지만 대규모 대중관광산업의 활성화가 자연환경을 훼손하고 지역사회에 부정적 영향을 미친다는 비판도 적지 않다. 다행히 최근에는 자연 및 문화자원에 대한 사람들의 인식이 넓어지면서 친환경적 관광을 즐기려는 경향이 늘고 있다. 관광산업 또한 여기에 발맞춰 발전을 이루어가고 있다. 그 대표적인 것 중 하나가 생태관광이다.

　세계 도시 중에는 도심 한가운데에 생태공원을 조성하고 이를 생태관광으로 연결하는 도시도 있다. 야생 생물에게 서식지를 제공하고 사람들이 휴식을 취할 수 있는 장소로서 생태공원은 자연과 인간이 공존하는 공간이다.

우리나라 역시 생태관광 활성화 정책을 활발히 추진하고 있다. 환경부는 '생태관광 지역'을 지정하여 생태관광 육성을 지원하고 있다. 생태관광 지역은 환경적으로 보존가치가 있고 생태계 보호의 중요성을 체험하고 교육할 수 있는 곳을 말한다.

낙동강 하구는 도심 속에 다양한 생태계와 문화자원을 보유한 국내의 대표적인 생태관광지역이다. 지속적인 생태자원의 보전과 현명한 이용을 통해 세계적인 생태관광지로 발돋움할 수 있는 잠재력을 가진 곳으로 평가받고 있다.

생태관광이란, 무엇일까?

생태관광(ecotourism)은 생태학(ecology)과 관광(tourism)의 합성어로 '양호한 상태의 자연 보전 지구를 목적지로 하는 여행'을 말한다.

또 자연환경 보전법에 따르면 '생태와 경관이 우수한 지역에서 자연의 보전과 현명한 이용을 추구하는 자연 친화적인 관광'으로 정의하고 있다.

생태관광은 개발되지 않은 상태의 아름다운 자연경관을 즐기는 '자연관광'이나 지역사회가 관광으로부터 정당한 이익을 얻도록 하는 '공정여행'에서 한 걸음 더 나아간 것으로, 대규모 단체관광이 자연환경을 훼손하고 지역사회에 부정적인 영향을

경안천습지생태공원

미쳤다면 생태관광은 이를 극복하고자 나타난 대안 관광의 하나이다.

생태관광을 생태와 관광이 합쳐진 단어로 보면 '생태'는 자연자원을 보존하려는 측면이 강하고 '관광'은 활용하자는 측면이 강조되어 얼핏 상충 되는 느낌이 들 수도 있다.

하지만 환경적 차원의 책임 있는 여행을 통해 생태관광이 자연환경 보전이라는 목적에 더 가까이 다가가 있음을 알 수 있다.

다시 말해 생태관광은 환경에 대한 피해를 최소화하면서 자연을 관찰하고 이해하며 즐기는 여행이다. 관광객에게는 환경

보전의 학습기회를 제공하고 관광으로 인한 수익은 지역의 생태계 보전이나 지역주민에게 되돌아가는 것으로, 자연을 보전하는 것이 주된 목적이다.

생태관광은 미래세대를 위해 자연을 보호하는 동시에 현세대의 관광객과 지역사회의 필요를 충족시킨다는 점에서 대중관광과 가장 구별되는 가치라고 할 수 있다. 어쩌면 사람과 자연이 가장 아름다운 모습으로 만나는 합의점이 생태관광이 아닐까 생각한다.

생태관광을 위한 필수 구성요소

생태관광은 환경보전을 위하고 지역경제 활성화를 추구한다. 하지만 자연자원으로의 접근으로 인해 자연생태계 훼손에 대한 부담과 우려감도 적지 않다. 생태관광이 건강하게 구축되고 지속 가능해지기 위해서는 어떻게 해야 할까? 우선은 기본적인 원칙을 가지고 생태관광을 실현할 필요가 있다.

생태자원, 문화자원, 프로그램, 운영협의체, 지역사회의 참여의지는 생태관광을 위한 필수요소라고 할 수 있다. 각 필수요소가 서로 밀접하게 연결되고 작동될 때 자연환경의 보전과 건강한 자연 생태계의 보전이라는 지속 가능한 생태관광도 가능해질 수 있다.

① 생태자원

생태관광의 목적물이자 대상을 말한다. 자연환경의 특성과 생태관광의 품질을 좌우하는 중요한 요소이며 어떤 것은 그 지역의 고유성을 나타내는 대표자원이 되기도 한다.

② 문화자원

생태관광에 있어서 문화자원은 사회적 특성이 반영된 지역의 정체성을 의미한다. 지역의 생태자원을 바탕으로 이용객들에게 다양한 프로그램을 제공하기 위한 하나의 콘텐츠라 할 수 있다. 크게 유형 문화자원과 무형 문화자원으로 구분할 수 있다. 유형문화재 가운데 중요한 것은 보물로 지정하며 더 높은 가치를 지닌 것은 국보로 지정한다.

③ 프로그램

이용객들이 생태관광지를 탐방하는 방법으로 대상지와 생태자원들을 직접 체험하거나 학습하며 즐길 수 있는 구체적인 방법들을 말한다. 프로그램은 참여자들이 만족감과 성취감을 가지면서도 자연환경 보전이 잘 이루어지는 것을 목표로 한다.

④ 운영협의체

생태관광지를 운영하는 실체적 주체를 뜻한다. 탐방객을 대상으로 생태자원의 체계적인 관리와 생태관광 프로그램의 효율적인 운영을 목적으로 한다. 협의체는 지역주민을 중심으로 지역사회의 시민단체, 전문가, 지방자치단체, 생태관광 관련 기업체 등으로 구성될 수 있다.

⑤ 참여 의지

지역주민의 적극적 참여는 생태자원의 관리와 지역의 수익창출 등 생태관광 운영을 원활하고 탄력적으로 만든다. 이는 협의체의 구성과도 연결되며 생태관광 효과의 확대와 재생산이 수월해질 수 있다. 곧 지역주민의 참여도에 따라 생태관광의 성과는 크게 달라질 수 있다.

생태관광 제도의 종류

생태관광은 국내외에서 지속적인 성장을 보이며 성장했다. 그러자 이를 표방한 유사관광 상품들이 나타나기 시작했다. 생태관광이라는 이름을 내세워 지방자치단체의 홍보나 단순 마케팅의 수단으로 활용되는 사례가 늘어난 것이다. 생태관광 제도는 이러한 문제점들을 해결하고 방지하면서도 체계적으로 운영하고 관리할 수 있는 제도이다. 또 자연자원의 보존과 지역 활성화를 위한 생태관광 본래의 목적을 증진시키는 도구로서 국내외 여러 국가에서 도입하여 시행 중이다.

국내 생태관광에 대한 인증제도는 관광객에게 차별화된 서비스를 제공하는 동시에 생태관광의 명확한 범위설정과 효율적인 생태계 서비스를 위한 제도로써 지역에 대한 가치를 인증하는 '생태관광 지역 지정제'와 숙박시설 및 여행상품, 생태관광 이용시설과 프로그램에 대한 '생태관광 인증제'로 구분된다.

① 생태관광 지역 지정제

환경적으로 보전가치가 있으며 생태계 보호의 중요성을 체험하고 교육할 수 있는 지역을 지정하는 제도이다. 생태관광의 품질을 보장하는 제도로 지역 내 보호지역이고 잠재적 보호 가치가 있는 지역이 그 대상이 된다. 2013년 3월, 생태관광 지역 지정제의 첫 대상으로는 부산 낙동강 하구를 포함한 총 12개 지역이 지정되었다.

② 생태관광 인증제

환경적, 사회문화적, 경제적으로 지속 가능한 관광에 대한 인식을 높이고 책임 있는 관광 행동과 생태관광 상품에 대한 신뢰감을 형성하기 위한 제도이다.

자연환경에 따라 구분되는 생태관광 유형

지역이 가지고 있는 자연환경의 특성과 형태에 따라 생태관광을 다양한 유형으로 나눌 수 있다. 지역에 따라 도시형과 비도시형으로 분류하기도 하고, 자연지형에 따라 산지형, 호수형, 해안형, 하천형으로 구분될 수도 있다.

또 특별한 생태적 가치에 따라 국내 법령이나 국제협약에 의해 보호지역으로 지정된 유형도 있으며, 2개 이상의 복합형으로 지정된 것도 있다.

이렇게 생태관광 유형을 분류하는 이유는 생태관광지와 주변 환경에 대한 이해를 높이고 관광객들에게 유형별로 특색 있는 생태관광 서비스를 제공하기 위해서이다.

국내의 자연지형 생태관광지 유형으로는 산지형이 가장 많으며 해안형과 하천형 그리고 호수형이 그 뒤를 잇는다.

먼저 산지형은 산림지역을 대상으로 산악, 산림 습지, 평원, 분화구, 희귀 동식물 등의 생태자원과 역사 및 문화자원 탐방을 주제로 한다. 대표적 유형으로는 제주 저지곶자왈, 양구 DMZ, 밀양 사자평과 재악산, 고창 고인돌 및 운곡습지, 정읍 월영습지 및 솔티숲이 있다.

하천형은 주로 하천 내 습지와 조류의 서식처를 생태관광 자원으로 보유하고 있다. 낙동강 하구, 울산 태화강, 서귀포 효돈

① 산지형: 고창 고인돌유적지
② 하천형: 시흥 철새
③ 해안형: 강릉 경포호
④ 마을형: 순천생태마을
⑤ 호수형: 창녕 우포늪

천과 하혜리, 서천 금강하구 및 유부도, 평창 동강 어름치마을, 울진 왕피천 등이 하천형 생태관광지로 구분된다.

해안형은 연안의 기후, 신기한 식물군락지와 해안 인접 생태관광 지역을 가리킨다. 안산 대송습지와 대부도, 강릉 가시연습지와 경포호, 서산 천수만, 남해 앵강만이 여기에 속한다.

마을형은 생태자원의 탐방과 더불어 마을이 생태관광 프로그램의 주요 콘텐츠가 된다. 광주 평촌마을, 완도 상서마을, 신안 영산도 명품 마을이 여기에 해당된다.

마지막으로 호수형 생태관광지 유형으로는 괴산호와 산막이 옛길, 창녕 우포습지가 있다.

이 중에서 하천형과 해안형 생태관광지로 구분되는 낙동강 하구에 대해서 자세히 살펴볼까 한다.

철새들이 쉬어가는 곳, 부산 낙동강 하구

강원도 태백의 황지연못에서 발원한 낙동강은 남한에서 제일 긴 강이다.

낙동강은 경상북도 대구광역시와 경상남도 일원을 지나 부산시 강서구 대저동에서 두 개의 물길로 갈라져 남해로 흘러들어 가는데 이렇게 낙동강과 바다가 만나는 이곳을 낙동강 하구라고 한다.

낙동강 하구는 민물에 사는 담수어류, 민물과 바닷물이 섞이는 지역에 사는 기수어류, 바닷물에 사는 해수어류를 모두 볼 수 있는 곳으로, 예로부터 다양한 어업활동이 이루어져 왔다. 또 강을 따라 운반되어 온 모래와 진흙이 쌓여 바다 쪽으로는 크고 작은 모래톱과 갯벌 등이 형성되어 있는데 흙이 비옥하여 농업활동 역시 활발하였다.

낙동강 하구 을숙도

　모래톱 주변에는 바닷물과 강물이 만나서 수심 얕은 갯벌이 넓게 형성되어 있으며 이곳에는 370여 종에 이르는 동식물이 서식하고 있다.

　여름에는 시원하고 겨울에는 따뜻한 낙동강 하구에는 많은 플랑크톤과 어류, 조개류, 수서곤충 등이 서식하고 있어 철새들의 좋은 먹잇감이 되어주고 새들의 훌륭한 보금자리 역할을 하고 있다.

　특히 대자연의 선물이라고 할 수 있는 장자도, 신자도, 대마등, 도요등, 진우도, 맹금머리 등 크고 작은 모래톱들은 우리나라 최대 규모의 연안사주로 지금도 여전히 살아 움직이듯 변화를 계속하고 있으며 지질학적 가치 또한 매우 높다.

낙동강 하구는 1966년 '낙동강 하구 철새도래지'로 불리며 천연기념물 179호로 지정되었다. 1988년에는 '자연환경보전지역'으로, 1999년에는 '습지 보호지역'으로, 2000년에는 '부산 연안 특별관리해역'으로 지정되어 관리되고 있다.

해마다 170여 종의 다양한 철새가 머물다 가는 낙동강 하구는 도심 속의 생태계 보물창고로서 수려한 자연환경과 다양한 생태계 및 유구한 역사와 문화자원을 보유한 세계적인 생태관광지로 기대를 모으고 있다.

낙동강 하구의 생태관광 자원

① 자연자원

- 식물자원

통보리사초

띠

갈대군락과 새섬매자기, 띠, 통보리사초 등 염생식물들이 주류를 이룬다.

- 동물자원

총 232종, 개체수 10만여 마리의 새들이 서식하고 월동한다. 봄과 여름철에는 청둥오리, 물닭, 개개비, 재갈매기, 괭이갈매기, 붉은머리오목눈이, 중대백로, 왜가리가 관찰되고, 가을과 겨울철에는 큰고니, 넓적부리도요, 흰뺨검둥오리, 큰기러기 등이 월동한다.

저서생물은 연체동물로 가무락조개, 띠조개, 재첩, 백합, 개량조개 등이 있으며, 절지동물로는 말똥게, 엽낭게, 달랑게, 도둑게, 길게, 칠게, 쏙 등이 서식하고 있다.

1966년, 동양 최대의 철새도래지로 불렸으나 1987년 하굿둑 건설 이후 갈대 습지와 서식지가 많이 훼손되었고 철새 개체 수도 크게 줄어들었다.

큰고니

중대백로

- 연안사주 (모래섬)

모래 지형으로 낙동강 하구 생태관광의 고유한 자원이며 낙
동강 하구의 정체성이라고 할 수 있다. 하구의 특이한 지형변화
로 만들어진 모래섬은 도요등, 신자도, 진우도, 백합등, 장자도,
대마등, 맹금머리로 불리고 있다. 낙동강 하구에 발달한 모든
연안사주는 주민이 없는 무인도이며 문화재 또는 환경 보존 지
구로 지정되어 보호받고 있다. 현재도 모래섬은 낙동강 하구에
서 남해를 향하여 계속 성장해 나가고 있다.

- 둔치의 생태공원

낙동강 하구의 삼각주와 강변 둔치의 생태자원을 활용한 생
태공원이다. 자연과 인간의 조화를 바탕으로 조성된 공원은 수
변의 녹지공간으로 생태관광의 주요한 자원이다. 을숙도를 중
심으로 삼락생태공원, 맥도생태공원, 대저생태공원, 화명생태
공원, 서낙동강의 둔치도가 있다.

② 문화자원

낙동강 하구의 인문자원은 넓은 지역에 걸쳐 다양하게 분포
되어 있다. 역사자원과 문화자원으로 구분할 수 있으며 문화자
원은 복합문화시설 위주의 자원과 지역축제와 같은 문화콘텐
츠 자원으로 구분하고 있다.

화명생태공원

삼락생태공원

맥도생태공원

대저생태공원

몰운대

- 구포나루축제

낙동강 하구 지역사회의 전통문화 및 놀이문화를 계승하고 생태, 힐링, 학습공간으로 재탄생한 국내 최대의 강 축제이다. 조선 시대 3대 나루터 중 하나인 구포(감동진) 나루터는 지역 문화와 역사를 관광자원으로, 2012년에 '낙동강 1300리 구포 나루 대축제'로 명칭을 변경하였다. 지역 경제 활성화 및 주민 스스로 참여하는 민간 주도형 축제로 자리 잡아 나가고 있다.

- 명지전어축제

명지시장은 약 50년의 전통을 지닌 부산 강서 지역의 대표적

에덴공원

재래시장이다. 낙동강 하구 지역의 대표 생선인 전어를 주제로 전통시장 활성화 및 지역축제로 계승, 발전시키고자 하는 먹거리 축제이다.

- 몰운대

대마도와 가까워 일본과 교역하는 주요 해상로로 이용되었으며 왜구들이 자주 출몰하여 해상 노략질을 일삼던 곳이기도 하였다. 임진왜란 당시 이순신의 선봉장이었던 정운의 순절을 기리는 유적비가 있다.

- 에덴공원

승학산 서쪽 낙동강변에 위치한 도심 공원이다. 승학산 정상
에서 학을 타고 날아오른 신선이 이곳으로 내려왔다고 하여 강
선대라고 불렸던 명승지로 몰운대와 함께 팔선대 중의 하나로
꼽힌다.

낙동강의 생태관광 프로그램

① 낙동강하구에코센터

을숙도 철새 공원을 보전 · 관리하고, 자연생태 전시 · 교육 ·
체험학습 공간을 제공하기 위한 곳이다. 자연체험프로그램(낙

낙동강하구에코센터

동강 하구 답사 · 갯벌체험 · 곤충관찰 · 갈대체험 · 탐조체험 등)과 실내체험프로그램(조류관찰하기 · 생물그림뜨기 · 조류깃털 및 부리 비교하기 등)을 진행하고 있다.

개인 및 가족 단위로 참여 가능하며 근처 아미산 전망대와 명지 철새전망대에서는 낙동강 하구의 생태계를 조망하고 관찰할 수 있다.

② 낙동강 하구 생태탐방선

낙동강 물줄기를 따라 에코투어를 즐길 수 있는 프로그램이다. 부산 을숙도에서 출발하여 일웅도와 대동, 물금까지 운행하기 때문에 동선에 따라 자신에게 알맞은 코스를 선택할 수 있다. 4월부터 10월까지 운항하는 낙동강 생태탐방선은 사전예약

낙동강하구 생태탐방선

후 탑승할 수 있다.

승선은 최대 30명까지 가능하며 생태탐방 해설사가 낙동강의 생태와 역사에 관해 설명해준다. 낙동강 생태탐방선의 특징 중 하나는 친환경 에너지를 사용한다는 것인데 2층에서 태양광발전기와 풍력발전기를 통해 에너지를 얻는 모습을 직접 관찰할 수 있다. 또 선내에 망원경이 비치되어 있어 멀리 있는 풍경까지 더욱 자세한 생태탐방이 가능하다.

③ 낙동강 하구 트래킹

낙동강 하구 길을 걸으며 하구의 생태계를 체험하고 학습하는 프로그램이다.

낙동강 하구 트래킹

④ 낙동강 하구 뱃길 탐방

낙동강 하구 연안사주의 지형적 특성을 체험할 수 있다. 삼락공원과 맥도생태공원의 습지 및 건강한 생태계를 학습하고 체험할 수 있는 뱃길 탐방 프로그램이다.

함께 꿈꾸는 생태관광의 미래

현 인류가 짊어진 가장 큰 과제 중 하나는 환경문제이다. 어떻게 하면 자연과 인간이 상생하면서 더 나은 삶을 살 수 있을까를 고민하였고 그 노력의 하나가 생태관광이다.

생태관광은 더 많은 사람이 자연에 다가가고 자연과 깊이 교감하면서 환경을 보호하고 실천하도록 이끄는 관광이다. 이러한 생태관광이 지속 가능해지기 위해서는 정책적 측면과 지역 주민들의 적극적인 참여, 방문객의 성숙도 등 모두 함께 꿈꿀 수 있는 비전과 목표를 설계할 수 있어야 한다.

그리고 무엇보다 책임 있는 관광이 바탕이 되어야 한다. 지역 주민들과 활동가, 방문객, 그리고 그들을 이어주는 매개자들 모두가 책임지는 주체라는 것이다.

그렇다면 책임지는 주체로서 나의 역할은 무엇일까? 내가 보고 누리는 아름다운 자연자원을 미래세대에 보전하기 위해 어떻게 해야 하는지를 우리는 한 번 더 고민해 볼 필요가 있다.

먼저 생태와 환경, 자연과 생태의 인과관계를 이해하는 것부터 시작해 보자. 개미와 나무가 연결되어 있고, 나무와 하늘이 연결되어 있는 것처럼 인간을 비롯한 모든 자연 속에 사는 생물들은 다 연결되어 있다는 것을 깨달아야 한다. 그 연결고리를 이해하지 못한 이기적인 태도는 자연과 환경을 파괴하게 되고 그 피해는 다시 고스란히 우리에게 돌아온다는 것을 인지해야 한다.

결국, 우리는 자연의 일부라는 것을 잊어서는 안 된다. 자연환경을 보전하고 아끼는 일은 궁극적으로 나를 아끼고 보존하려는 것과 같은 일이다.

로컬푸드, 걷기, 기다림의 여유 등 지금 실천하는 작은 행동들은 내가 있는 이곳의 자연을 지키고 생태관광의 질을 향상시키는 첫걸음이 될 것이다.

낙동강 하구는 우리의 것만이 아닌 생태계 모두의 것이다. 다양한 생명체와 함께 살아가고 생태계를 보전하는 일은 우리 인간의 삶을 지켜내는 또 다른 일이다.

관광이 자연환경을 보호하고 자연환경이 관광의 매력을 증진하는 사람과 자연의 조화로운 상생이 우리가 꿈꾸는 생태관광의 미래가 되길 바란다.

이영아

중국의 해양관광
–바다로 뛰어든 별을 찾아서

별이 다섯 개!

세 차례에 걸쳐 중국의 베이징과 상하이 그리고 인근 소도시 여행을 다녀왔다. 대도시에는 엄청난 규모의 건물들이 빼곡하게 들어  서 있고, 소도시를 가기 위해 달리는 차창 밖으로는 끝없이 펼쳐진 평야가 나타났다. 중국의 해양관광에 관한 이야기를 하기 앞서 중국이 어떤 나라인지 대략적으로 살펴볼 필요가 있겠다.

중국은 한반도 면적의 약 44배의 넓은 영토로 다양한 지형과 기후가 나타나고, 송나라 이후로 지구상에서 가장 인구가 많은 국가였다. 하지만 1972년 자녀수 제한 정책을 펼친 영향으로 2023년 기준 인구는 약 1,425만여 명으로 현재는 인도에 1위를 내어준 상태이다. 중국의 국가명은 '중화인민공화국(中华人民

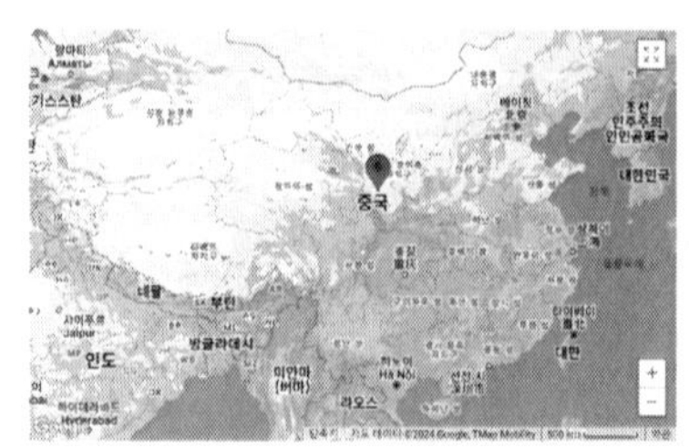
한반도 면적 44배 넓이

전 세계 초고층빌딩 절반을 가진 중국

중국의 크기와 규모

共和国). 간단히 줄여 '중국(中国)'이라고 부른다. 중국의 국기는 '오성홍기(五星红旗)'인데 '다섯 개의 별이 있는 붉은 국기'라는 뜻이다. 수도는 베이징, 최대 도시는 상하이로 중국 동부지역 바닷가에 주요 항구와 대도시가 위치해 있다. 56개의 다민족으로 구성된 중국은 한족이 대다수를 차지하고, 그 외 소수민족이 인구의 8% 정도이다. 우리나라와 경제교류가 활발히 이루어지고 있는 중국과의 시차는 1시간, 인천에서 비행기를 타면 상하이 공항까지 2시간이면 도착한다.

요리로 살펴보는 중국 문화

중국에서는 의식주(衣食住) 대신 '식의주(食衣住)'라는 말이 쓰일 정도로 식생활에 가장 먼저 신경을 쓴다. 먹는 것을 무엇보다 우선순위에 둔다는 말이다. 중국은 넓은 지역만큼이나 특산물이 다양하고 그 문화적 전통 또한 달라서 지역별로 독특한 음식 문화를 자랑한다.

황허강 유역 및 기타 북방은 베이징 요리를 대표로 하고, 양쯔강 하류는 상하이 요리를, 양쯔강 중상류는 쓰촨 요리, 주강 유역은 광둥 요리를 대표로 한다.

먼저 베이징 요리는 밀 생산이 많은 지역적 특성으로 면류, 만두, 전병의 종류가 많은 게 특징이다. 우리나라에서 흔히 볼 수 있는 중국집은 대부분 이 베이징 요리법을 따른다고 한다. 베이징이 가장 화려한 문명을 자랑한 것은 청나라 때인데, 궁중을 중심으로 중국 각지에서 명물 진상품과 우수한 요리사들이 모여 각 지역의 장점만을 받아들인 음식 문화를 발달시켰다고 한다. 중국 요리의 별칭인 '청 요리'도 이때 유래된 것이다. 대표적인 음식으로는 우리가 '베이징 덕(Peking Duck)'으로 부르는 오리 요리가 있다.

상하이 요리는 비교적 바다와 가깝기 때문에 해산물을 많이 이용한다. 음식의 색이 화려하고 그 지방의 특산품인 간장과 설탕을 써서 진하고 달콤하며 기름지게 만드는 것이 특징이다. 특히 9월 말부터 1월 중순에 맛볼 수 있는 상하이의 게 요리는 전 세계 식도락가들이 최고로 뽑는 진미 중 하나에 속한다.

쓰촨 요리는 야생 동식물이나 채소류, 민물고기를 주재료로 한 요리가 많은데 쓰촨 분지가 중국의 곡창 지대로 해산물을

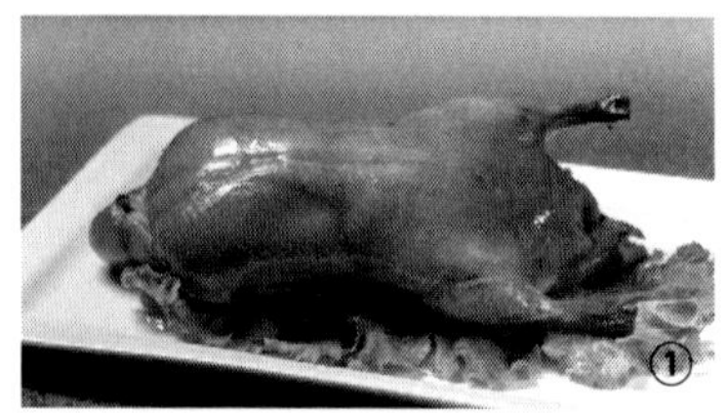

① 베이징 덕　② 민물 게 요리
③ 마파두부　④ 딤섬

중국의 지역별 요리

제외한 사계절 산물이 모두 풍성하다. 더위와 추위가 심해 향신료를 많이 쓴 요리가 발달한 것이 특징인데, 매운 요리와 마늘, 파, 고추를 사용하는 요리가 많다. 우리에게도 잘 알려진 누룽지탕, 마파두부 등이 대표적이다.

마지막으로 광둥 요리는 동남 연해에 위치하여 기후가 온화하고 재료가 풍부한 광둥지역의 요리이다. "먹는 것은 광둥에서"라는 말이 있을 정도로 광둥지역은 예부터 요리가 발달한 곳이다. 특히 외국과의 교류가 많은 지역으로 전통 요리와 국제적인 요리의 특성이 조화를 이뤄 독특한 요리가 발달하였다.

간을 싱겁게 하고 기름도 적게 사용해 가장 대중적인 요리로 꼽힌다. 우리나라 중국집에서 맛볼 수 있는 탕수육과 팔보채, 딤섬도 광둥 요리이다.

중국의 해양관광

흔히 '관광'을 굴뚝 없는 공장이라고 한다. 제품을 생산하는 공장이 없어도 높은 수익을 올리고, 고용을 창출하기 때문이다. 자연환경이나 문화유적을 연계한 관광 상품을 개발해서 외국인 관광객을 유치, 외화를 벌어들이기 때문에 '보이지 않는 무역'이라고도 한다.

해양관광은 관광의 일부분으로 '자신의 일상 거주지를 벗어나 바다, 섬, 어촌, 해변 등에서 여행하거나 체류하면서 휴양, 생태 탐방, 요트 · 보트, 낚시, 해수욕, 크루즈, 수산물 체험 등을 즐기는 행위'를 말한다. 우리가 휴가철 해수욕장에서 가족과 함께 수영을 즐기고, 가까운 숙소에서 머물며 어촌 체험을 하는 것도 해양관광의 일부다.

중국의 대표적인 해양관광 도시에는 산둥반도 남단의 중국 동쪽 주요 항구도시인 칭다오(青島)와 동부 연안에 위치한 상하이, 그리고 중국 푸젠성 남부에 위치한 샤먼과 하이난성 최남단에 위치한 싼야(三亞), 산둥반도에 위치한 해양도시 웨이하이

(威海) 등이 있다. 이와 같은 도시들은 우리나라의 부산, 동해, 양양, 제주 등과 같이 바다와 접해 있는 지리적 환경여건을 바탕으로 휴양지로서의 관광자원을 보유하고 있다. 또한 해양환경에 바탕을 둔 다양한 해양문화와 관광 이벤트 등을 개최하여 지역사회를 경영해나간다. 여기서는 상하이와 칭다오, 싼야를 중심으로 해양관광지를 살펴보고자 한다.

중국 최대의 상업도시, 상하이

상하이는 중국경제의 고속성장을 선도하는 중국의 4대 직할시 중 하나로 동부 연안에 위치한 해양도시이다. 일찍부터 서방 문물을 받아들여 오랜 기간 중국 최대의 상업도시로 명성을 떨치고 있다. 과거 외국 열강의 조차지*로서 당시 유럽풍 건축물도 많이 남아 있다. 대한민국 임시정부 청사와 윤봉길 의사가 도시락 폭탄을 투척했던 루쉰공원이 있어 우리와 각별한 인연이 있는 곳이기도 하다. 상하이는 대도시인 만큼 볼거리도 다양하지만 여기서는 와이탄과 예원, 상하이 해양수족관과 동방명주탑을 중심으로 살펴본다.

---

* 특별한 합의에 따라 어떤 나라가 다른 나라에게 일시적으로 빌려 준 일부분의 영토

와이탄

　황푸강을 끼고, 강 서쪽에 자리 잡은 와이탄은 1.7km에 걸쳐 상하이의 주요 건물과 야경을 가장 잘 조망할 수 있는 장소이다. 와이탄에 지어진 건물들은 상하이가 서구 열강의 영향 아래 있던 시절인 19세기 말에서 20세기 초에 걸쳐 지어진 건물들이며 건축학적 가치로도 높이 평가받고 있다. 와이탄의 뒤편이 상하이의 과거라면, 황푸강을 건너서 맞은편 뤼자주이에는 상하이의 현재와 미래를 나타내는 각종 고층빌딩이 찬란한 빛을 내뿜으며 위용을 자랑하고 있다. 황푸강 크루즈를 타고 상하이의 현재와 미래를 비교해 보는 것도 멋진 경험이 된다.

예원

　예원은 상하이에서 가장 중국다운 모습을 간직한 곳이다. 마치 제비 꼬리와 같은 기와지붕, 아기자기한 정원과 연못, 100년 전의 거리 예원 상가(豫園商城)의 모습은 그 자체만으로도 충분히 매력적이다. 예원은 400년 전 명나라 관료였던 반윤단(潘允端)이 아버지의 안락한 노후를 위해 20여 년에 걸쳐 만든 곳이다. 하지만 아편전쟁 당시 상하이를 점령한 영국군에 의해 약탈당하고, 청나라 관군에 의해 파괴되었다. 이후 대대적으로 복구된 예원은 과거의 화려한 모습은 축소되었지만 중국 강남 최고의 정원으로 멋과 운치를 느낄 수 있다.

상하이해양수족관

세계에서 유일하게 창장[長江, 장강]지역의 해양생물과 생태
환경을 주제로 전시하는 수족관이다. 창장을 비롯해 아마존
의 밀림 지역, 호주, 동남아, 남극 등에 이르는 다양한 해양생물
을 볼 수 있는 전체 155m의 세계에서 제일 긴 해양 터널이 있
다. '물의 세계를 통하여 5대주를 연결한다.'는 것이 이곳의 전
시 주제이다. 수족관 안에는 28개 대형테마를 주제로 하는 생
물 전시구역이 있는데, 아시아, 남미, 호주, 아프리카, 빙하, 극
지, 해수, 바다 깊은 곳의 8대 전시구역으로 나누어진다. 5대주
4대양의 300개 품종 1만여 마리의 희귀한 물고기와 멸종위기의
생물을 전시해 놓았다.

동방명주탑

상하이를 상징하는 랜드마크로 하늘을 찌를 듯 우뚝 솟은 탑
의 높이는 468m이다. 높다란 기둥을 중심축으로 구슬 세 개를
꿰어 놓은 듯 독특한 외형이 인상적이다. 동방명주탑은 미디어
그룹인 동방명주의 방송 수신탑으로 1994년 준공되었다. 동방
명주탑에 올라가면 중국의 발전상을 대표하는 첨단 도시 상하
이의 매력을 제대로 느낄 수 있다. 주변의 초고층 건물들이 이
루는 화려한 스카이라인과 황푸강을 바삐 오가는 선박 등 상하
이 시내를 한눈에 조망할 수 있는 명소이다. 중간 전망대와 최
고층 전망대 사이에는 한 시간에 한 바퀴씩 돌아가는 회전 레

① 와이탄 ④ 동방명주탑
② 예원
③ 상하이해양수족관

상하이의 볼거리들

스토랑이 자리하고, 내부의 초고속 엘리베이터는 탑승 후 최고 층 전망대까지 약 40초면 도착한다. 석양이 질 때 황푸강에 물 든 주변 풍경은 시간을 잊고 바라볼 정도로 장관이다.

중국 속의 유럽, 칭다오

　칭다오는 중국 산둥성 해안에 위치해 있는 인구 870만의 거대 도시이다. 19세기 말 독일이 칭다오에 조차지를 설치하면서 천진, 상하이와 함께 중국의 주요무역항으로 부상하였다. 칭다오 시청이 있는 5·4광장을 중심으로 서쪽으로는 구도심이 있고, 동쪽으로는 80년대 개방정책으로 칭다오가 개발되면서 형성된 신도심을 형성하고 있다. 해안을 끼고 발달한 칭다오는 뛰어난 해안절경을 자랑한다. 칭다오 해안의 해수욕장은 많은 사람들이 찾는 중국의 대표적인 명소인데 이러한 자연적 혜택을 바탕으로 2008년 베이징올림픽이 개최되었을 때 칭다오에서 요트경기가 열렸다. 1898년 독일에 의해 개항된 영향으로 도시가 마치 작은 독일에 온 듯한 느낌을 갖게 하여 '중국 속의 유럽'이라고 불리고 있다. 칭다오에 남아 있는 서양풍의 건물이나 칭다오 맥주는 당시 독일이 칭다오를 점령했던 흔적이다. 칭다오시는 천혜의 자연환경을 개발해 칭다오를 국제적인 해양 레저도시, 글로벌 관광도시로 키우기 위해 노력하고 있다.

팔대관풍경구

　팔대관풍경구는 해안선을 따라 유럽풍 건물과 해수욕장이 펼쳐진 황금의 관광노선이다.

　'풍경구'란 관광지구라는 뜻이고, '팔대관'은 '여덟 개의 거리가 모여 있다'는 의미를 담고 있다. 현재는 2개의 길이 추가되어 10개의 길이 팔대관을 형성하고 있다. 팔대관에는 24개국의 건축양식이 모여 약 200여 채의 건물이 자리 잡고 있다. 팔대관에는 고딕이나 바로크, 로마네스크 등 유럽식 건축양식을 담은 다양한 건축물들로 가득 차 있어 '세계건축박람회'라고 불리기도 한다. 아름다운 모습을 가진 건축들과 다양하고 독특한 식물들, 천연의 해변풍경과 적당한 기후가 더해져서 팔대관의 멋진 풍경이 탄생되었다.

5·4광장

5·4운동은 1919년 5월 4일, 중국 베이징의 천안문 광장에서 시작해 중국 전역에 퍼져나간 항일, 반제국주의 운동이다. 독일의 1차 세계대전 패전으로 산둥을 조차지로 점령하고 있던 독일의 권리를 일본이 양도받아 가져가면서, 중국인들의 반일 감정에 불을 지피며 시작되었다. 칭다오의 상징인 '오월의 바람'은 붉게 타오르는 횃불을 형상화한 기념탑인데, 높이 30m, 무게 700톤의 거대한 조형물로 5·4 광장 중앙에 위치하고 있다. 밤이 되면 주변의 높은 빌딩과 바다를 배경으로 화려한 조명쇼와 분수쇼가 펼쳐진다.

잔교

잔교는 독일이 조차지로 얻은 칭다오만(Qingdao Bay) 해안에

① 칭다오 야경 ② 팔대관풍경구 ③ 요트경기장 ④ 잔교

칭다오의 볼거리들

세운, 길이 440m의 교량으로 선박 접안이 가능하여 잔교를 통해 군수물자를 공급받았다고 한다. 1차 세계대전 때 폭격 받아 무너진 것을 1931년에 복구하여 현재에 이르고 있다. 잔교는 전체적으로 근대 서양의 항만시설과 비슷하게 지어졌지만 잔교 끝 부분에 중국풍 2층 누각인 회란각(후이란거)이 세워져 중국적인 아름다움을 느낄 수 있다.

잔교가 세워진 해안가 주변은 칭다오시의 구도심에 해당하는 곳으로 제국주의 시절 독일총독부를 중심으로 많은 관청과 교회, 주택들이 들어서 있던 곳이다. 잔교 주변 해안은 백사장이 있어 해수욕장으로도 사용되기도 하지만 해안을 따라서 조성된 잔차오공원 산책로에 서면 소청도를 비롯하여 칭다오만 바다와 해안 풍경을 감상하기 좋다.

동양의 하와이, 싼야

중국 최남단에 위치하는 싼야는 '동양의 하와이'라 불리는 중국 최고의 해변휴양지이다. 중국의 역대 왕조들은 중국의 최남단 하이난 섬에서도 가장 남쪽에 있는 싼야를 유배지로 활용하였다. 모함으로 이곳에 오게 된 북송의 시인 소동파(蘇東坡, 1036~1101년)는 "하늘의 끝, 바다의 끝 즉, 이 세상의 끝"이란 의미로 천애해각(天涯海刻)이라 하였다. 1988년 경제특구로 지정된 이후 수려한 해변경관과 자연환경을 바탕으로 세계적인 특급호텔과 최고급 리조트, 골프장, 온천, 해양 스포츠 등 다양한 위락시설이 집중적으로 투자되어 오늘날 중국 최고의 휴양지가 되었다.

휴일백사장(假日海灘)

휴일백사장은 해구시 빈해대도 서연(西延)선 경령대도 북부에 위치해 있다. 총 54헥타르에 이르는 해변으로 수상운동, 리조트, 문화, 오락 시설 등 여러 가지를 갖추고 있다. 자연경관과 인공경관이 합쳐진 휴일백사장은 뜨거운 햇살과 아열대 식물

① 싼야
② 휴일백사장
③ 녹회두의 사슴 조각상
④ 108m 높이 해수관음상

싼야의 볼거리들

이 우거진 숲과 하얀 모래사장을 끼고 있는 푸르른 바다 경관이 열대해변을 방불케 한다. 그래서 휴일백사장을 가보면 마치 태평양 어느 섬으로 휴양 온 듯한 느낌을 주는, 해남성 최대 규모의 해수욕장이다.

녹회두(鹿回頭)

녹회두(鹿回頭)는 원래 바다 속의 섬이었는데 지각운동과 산호초의 성장으로 인해 오늘날 육지와 연결된 해발 270m의 산이 되었다. 녹회두 정상에는 높이 12m, 길이 9m, 넓이 5m의 거대한 사슴 조각이 있다. 전설에 의하면 머나먼 옛날 해남의 왕이 사슴을 신봉하는 여족(黎族) 출신의 명궁 아흑(阿黑)에게 사슴을 사냥하여 녹용을 가져올 것을 명하였다고 한다. 오지산(五指山)에서 아흑이 활로 사슴을 쏘려는 순간, 사슴(사슴 神의 딸)이 눈물을 흘리며 여자로 변하였고, 사슴 신이 왕을 무찌르고 아흑과 여자가 결혼하게 되었다는 여족의 전설이 전해지고 있다. 녹회두(鹿回頭)는 아름다운 사슴 한 마리가 머리를 돌려 바라보고 있다는 뜻으로 삼아는 사슴의 도시 즉 녹성(鹿城)으로도 불린다. 산 정상에 오르면 아름다운 삼아의 풍경을 한눈에 담을 수 있다.

해양관광은 미래의 먹거리

중국의 해양관광 도시를 중심으로 외국인 관광객들이 많이 찾는 관광지를 살펴보았다.

우리나라뿐 아니라 중국도 해양관광을 통한 외화 수익을 극대화시키기 위해서 직접 체험하고 머무는 해양관광 콘텐츠 개발에 앞장서고 있다. 우리나라가 최근 '해양레저관광진흥법'의 제정으로 해양레저관광산업 육성의 기틀을 마련한 것처럼 중국도 해양산업을 새로운 경제발전 분야로 설정하였다. 그에 따라 지역별로 특구를 조성하는 등 해양경제 발전에 주력하고 있다.

이렇듯 각 나라마다 해양관광에 힘을 싣는 이유는 해양관광이 미래의 먹거리로 바다에서 많은 수익이 창출되기 때문이다. 다양한 해저레저체험, 체류형 가족 휴양단지 및 테마파크 조성 등으로 국내외 관광객이 유입되면 그 지역의 경제가 활성화되고, 더 나아가 나라의 경제발전에도 큰 보탬이 된다. 세계관광기구(UNWTO, '23)의 분석에 따르면 세계 관광시장에서 해양관광이 차지하는 비중이 50% 이상으로, 앞으로는 더 높은 성장률을 보일 것이라고 한다.

이번 여름, 국내외 해양관광지를 찾아 신선한 제철 수산물을 맛보고, 짭조름한 바닷바람 맞으며 트레킹 코스도 걸어보고, 아울러 이름난 사진 명소에서 멋진 인생샷을 남겨 보는 건 어떨까!

한세경

부산의 해양관광
-크루즈와 함께 여행을 떠나요

바다가 있어 참 좋은 부산

많은 사람들이 부산을 찾는 가장 큰 이유는 무엇일까?

교과서에 나오는 "우리나라는 삼면이 바다로 둘러싸인 반도 국가"라는 건조한 문장은 부산에 오면 비로소 감탄사로 거듭난다.

흔하게 만날 수 있는 바다 중에 부산이 유독 사랑받는 것은 자연과 사람이 어우러져 이뤄낸 역사와 문화의 역동성을 담고 있기 때문일 것이다.

예부터 부산은 지리적으로 외세 침략의 통로여서 늘 긴장감과 아픔이 서려있었다. 6.25 때에는 수많은 피란민들과 군수 물자를 실어 나르며 1023일간의 임시 수도의 역할을 수행했다. 우리나라 제1의 항만도시로 경제 성장을 주도하기 위해 밤새 불을 밝혔고, 치열한 삶을 낚는 어선들에게도 모든 것을 내어 주

광안대교와 해운대 전경

**부산은 동해와 남해가 만나는 교차점에 있으며 400km에 이르는
해안선을 따라 해운대와 광안리, 우리나라 최초의 공설 해수욕장인
송도 해수욕장 등 7개의 아름다운 해수욕장이 있다.**

었다. 지켜내고 품어주며 오랜 시간을 버틴 부산의 바다는 이제
비로소 한 사람 한 사람의 이름을 부르며 휴식과 위로를 전해
주는 친구가 되었다.

시간의 깊이에 이야기와 맛이 더해진 부산은 이제 한여름 피
서철뿐 아니라 1년 365일 국내외 관광객들이 북적이는 글로벌
해양관광도시로 거듭나고 있다. 그리고 해양 산업의 중심에 새
롭게 떠오르는 크루즈 관광 산업이 있다.

크루즈는 세계무역기구(WTO)가 선정한 미래 10대 관광 산업
중 하나이다. 아직은 낯설게 느껴지는 크루즈 관광의 가능성과

미래에 대해 함께 알아보자.

'크캉스' 떠나는 MZ세대

'워라벨(work and life balance)'이 대세다. 일과 삶의 균형을 뜻하는 영어 발음을 우리말로 줄여 만든 신조어다. 나를 잘 돌보는 것이 최고의 가치인 MZ세대 사이에서 '프리미엄 소비'가 떠오르며 대한민국의 소비 패턴이 크게 바뀌고 있다. MZ세대는 여행의 트렌드까지 과감히 바꾸며 '호캉스(호텔+바캉스)'에 이어 '크캉스(크루즈+바캉스)' 시대를 열고 있는 것이다.

지금까지의 크루즈 관광은 부유한 은퇴자를 위한 10일 이상의 느긋한 선박 여행 이미지를 지니고 있다. 하지만 MZ세대는 여행도 짧은 일정을 선호한다. 세계의 크루즈 선사들 역시 이런 추세에 따라 '젊은 크루즈'로 방향을 전환하고 있다.

버킷 리스트에 자주 등장하는 크루즈 여행은
더 이상 미루어 두는 수첩 속 목록이 아니다.

국제크루즈선사협회(CLIA)의 자료를 보면 2021년 아시아 지역 크루즈 여행 승객은 1년 만에 26% 증가했다. 크루즈 승객 평균연령은 2019년 46.2세에서 2021년 35.4세로 젊어지는 추

세계에서 가장 큰 크루즈

세다. 20대와 30대가 차지하는 비중 역시 같은 기간 각각 24%, 37%를 보이며 상승세로 이어지고 있다.

세계에서 가장 큰 크루즈는 2024년 1월 출항한 '아이콘 오브 더 시즈(Icon of the Seas)'호이다. 무게 25만 800톤, 길이는 약 365m로 엠파이어 스테이트 빌딩(높이 381m)과 비슷하고 면적은 축구장의 3배 이상에 달한다. 객실 2,805개, 정원은 1만 명이다. 배 안에 워터파크를 비롯해 2만여 종의 식물이 자라는 센트럴 파크까지 있다고 하니 상상마저 벅차다. 몇 년 후에는 아이콘 호보다 더 큰 크루즈선이 등장할 예정이다.

크루즈의 유래

크루즈(Cruise)는 라틴어 'Crus'와 'Crux'에서 출발해 '유람선 여행', '유람선을 타다', 혹은 '꾸준한 속도로 나아가다'라는 뜻을 지닌다.

16~18세기 어지러웠던 유럽의 바다에는 프랑스, 영국, 네덜란드의 민간 무장선인 사략선이 다니고 있었다. 배들은 주로 지그재그로 움직였는데 그 모습에서 네덜란드어 'Kruisen'(가로지르다, 횡단하다)이라는 이름을 갖게 되었고 영어 'Cruise'로 정착되었다. 독일어 'Kreuzfahrt'은 유람선과 동시에 십자군 원정을 뜻한다.

최초의 크루즈 관광은 유럽에서 시작되었다. 1800년대 말 정기여객항로에 사용되었던 대형 여객선을 비수기 때 활용하면서 유럽의 일부 부유층을 대상으로 지중해에 투입한 것이다.

세계 최초의 크루즈 선박은 1900년 6월 선보인 프린세신 빅토리아 루이스호(4,409톤)로 기록되어 있다. 이후 1930년대 터빈 디젤선 시대가 열리며 각종 부대시설을 갖춘 대형 크루즈가 등장했고 1960년대 이르러 대서양 횡단을 중심으로 하는 본격적

레이싱 트랙이 있는
노르웨이지안 블리스(Norwegian Bliss)호

인 현대 크루즈 사업의 시대가 열리게 되었다.

현재 세계적으로 크루즈선을 운영하는 대표적인 선사로는 로열 캐리비언, 카니발, MSC, 노르웨이지안 등이 있고 이들 업체가 전 세계 크루즈 시장의 90%를 차지하고 있다.

크루즈 여행

운송보다는 순수 관광 목적으로 숙박, 위락 등 관광객을 위한 시설을 갖추고 수준 높은 관광 상품을 제공하면서 수려한 관광지를 안전하게 항해하는 여행

(한국관광공사)

안녕 크루즈 씨

2024년 4월에 무려 4척의 대형 크루즈선이 동시에 부산을 찾았다. 동시에 4척의 크루즈가 입항한 것은 부산항 개항 이래 처음이다.

부산에서는 처음 입항한 세레나데 오브 더 씨즈호에 기념패를 전달하고 관광 안내소, 부산역 무료 셔틀버스 운행 등 손님맞이에 나섰다. 1박 2일 기항하는 크루즈의 경우 승객들은 남포동, 감천문화마을 등 원도심을 비롯해 부산의 주요 관광지를 찾을 수 있어 당일 입출항하는 크루즈선보다 지역 경제 파급효과가 크다.

① 로열 캐러비언 소속 '세레나데 오브 더 씨즈'호(정원 2,700명)
② 씨본 크루즈 라인 소속 '씨본 소우전'호(정원 450명)
③ 실버씨 소속 '실버 문'호(정원 660명)
④ 포난트 소속 '르 소레알'호(정원 264명)

부산항에 도착한 4척의 크루즈

부산항에는 2023년 106회에 걸쳐 15만여 명이 크루즈선을 타고 입항했다. 2024년에는 중국발 크루즈를 포함해 117회에 걸쳐 17만여 명이 입항할 예정이다.

갈수록 커지는 크루즈 산업의 성장에 발맞춰 국내에서도 적극적인 크루즈 관광 마케팅이 이루어지고 있다.

'찾아오는! 즐겨타는! 함께하는 크루즈'

2023년 해양수산부에서 위와 같은 '제2차 크루즈 산업 육성 기본계획'을 발표했다. 코로나19 팬데믹 이전인 2019년 크루즈 이용객은 2,970만 명으로 지난 10년간 연평균 5.3% 수준으로 성장했다. 지역별로는 북미지역(51.9%)이 전체 크루즈 관광객의 절반 이상을 차지했고 다음으로 유럽(26%), 아시아(12.6%) 순으로 나타났다. 아시아 크루즈 시장에서 관광객은 중국(192만 명), 기항지는 일본(2,681회)의 비중이 높았다. 그에 비해 아직 우리나라는 크루즈 산업에 있어 아직 미흡한 수준이다.

해양수산부는 외국적 크루즈선 연 300항차 입항을 추진하고 2027년까지 외국인 관광객 연 50만 명 유치와 함께 다양한 크루즈 상품으로 국내 모항객 연 10만 명을 유치할 계획이다. 국적 선사 출범을 통해 지속 발전 가능한 크루즈 산업의 생태계를 조성하기 위한 움직임이 본격적으로 시작되었다.

크루즈를 유치하라

한국관광공사는 2024년 4월 미국 마이애미에서 열린 '씨트레이드 크루즈 글로벌(Seatrade Cruise Global)'에 참가해 '크루즈 코리아 홍보관을 운영하며 마케팅을 펼쳤다. 전 세계 120개국 이상, 580여 개 선사와 크루즈 관련 업체가 참여하는 세계 최대 크루즈 박람회로 관람객은 1만여 명에 이른다.

문화체육관광부와 해양수산부에서도 대한민국 외곽을 중단 없이 연결하는 '코리아 둘레길'을 조성하고 국내 5대 기항지(부산, 제주, 인천, 여수, 속초)에 크루즈 관광객 체류 시간을 늘리는 등 해양관광 활성화를 적극 추진하고 있다.

가장 특별한 경험-크루즈

오늘날의 크루즈는 상상 이상의 규모를 자랑하고 있다. 뮤지컬 등 각종 공연이 펼쳐지는 대극장은 물론이고 워터파크, 암벽 등반, 실내 스카이다이빙, 카레이싱, 운동 시설과 라이브 밴드, 와인 시음회, 댄싱 및 요리 강습 프로그램이 쉼 없이 펼쳐진다.

아시아 최대 규모 스펙트럼호

아마존, 북극, 남극, 갈라파고스제도와 같이 잘 알려지지 않은 곳에서 하이킹, 스노클링, 카약 등 액티비티를 즐기며 야생 생태계를 탐험하는 '탐험 크루즈'도 있다. 해상 위에 갤러리를 마련한 크루즈에는 피카소 작품 등 최고 예술품 컬렉션을 선내에 전시하며 미술관, 박물관이 통째로 바다 위에 떠 있는 것 같은 황홀함을 주기도 한다.

무엇보다 크루즈 여행의 장점은 편안하다는 점이다. 보통의 여행처럼 다음 장소로 이동하기 위해 반복하는 호텔 체크인과 체크아웃, 교통수단 예약, 무거운 짐을 들고 이동하는 일이 없다. 숙식은 물론 생각 이상의 것들이 배 안에 모두 가능하다.

인구 고령화, 개인 소득의 증가. 여행 및 여가 시간에 대한 인식 변화로
크루즈 관광 산업은 매년 8%라는 빠른 성장세를 보이고 있다.

* 부산과 가까운 크루즈

팬스타 드림호

2002년 부산-오사카 항로에 취항한 대한민국 최초의 국적선.
2005년부터는 국내 첫 나이트 크루즈인 부산 연안 주말크루즈를 운영
하고 있다.

팬스타 '부산항 원나잇 크루즈'

토요일 오후 5시 부산항을 출발해 일요일 아침 9시에 돌아오는 크루즈.
바다에서 바라보는 노을과 일출, 선상 불꽃놀이, 라이브 공연 등 다양한
이벤트가 열린다. 2024년 4월 탑승객 20만 명을 돌파했다.

잇츠 더 쉽 코리아, 2024 뮤직 페스티벌

2014년 싱가포르에서 시작해 3박 4일 동안 11만 t급 크루즈 코스타세레
나에서 열리는 뮤직페스티벌. 'It's the ship Korea 2024'가 올해는 한
국에서 열린다. 2024년 5월, 부산에서 일본 나가사키를 경유해 다시 부
산으로 돌아오는 코스로 운항한다.

부산을 모항으로

기항지에 머물렀던 부산이 모항으로 거듭난다. 2024년 5월부터는 크루

즈가 잇따라 부산에서 출발한다. 이탈리아 국적 코스타세라나호를 통째로 빌려 9차례 운항에 나선다. 부산항 출국, 일본, 대만, 홍콩 관광 등 다양한 코스로 구성된다.

2024년 4월 탑승객 20만 명을 돌파한 팬스타 드림호
(2만 1,688톤, 정원 545명)

코스타세라나호(11만 4천 톤급, 정원 3,780명, 승무원 1,100명)

세상에서 가장 평화로운 배, 크루즈

기원전 5,000년경 시작된 인류의 문명(이집트, 메소포타미아, 인더스, 황하)은 모두 물이 가까운 곳부터 시작되었다. 고대 이집트는 해마다 범람하는 나일강에 물이 빠지면 농지를 원래대로 복구하기 위해 측량과 기하학이 발달했다. 자연 현상을 예측하고 관리하기 위해 제방술이 발전했다. 재앙, 재난을 뜻하는 영어 단어 disaster. 고대인들은 항해 중에 별(aster)이 보이지 않는 것(dis)을 재앙이라고 했다. 어디로 가야 할지 모를 때의 막막함이 곧 재앙이라는 것이다.

인간의 역사는 강과 바다, 호기심과 탐험을 통해 발전했다. 곧 배의 역사라고 할 수 있을 것이다. 대륙의 발견과 생존을 위한 투쟁 또한 바다에서 치러졌다. 빼앗고 뺏기며 치열하게 싸워 가라앉고 떠올랐다. 크루즈는 바다 자원을 얻기 위해 불을 켜지 않는다. 약탈을 위해 치열한 속도를 내지 않는다. 각자의 자리에서 일상을 살아낸 사람들이 가족과 친구 그리고 자신에게 주는 특별한 선물이다. 크루즈는 지구상에서 가장 평화로운 선박이 아닐까.

철학자 가브리엘 마르셀은 인류를 호모 비아토르(homo Viator)
즉 여행하는 인간으로 정의했다.

크루즈는 바다 위에 있는
거대한 호텔이다
ⓒUnsplash

환경까지 생각하는 녹색 크루즈

크루즈의 낭만에 반해 환경오염에 대한 지적이 끊임없이 제기되었다. 독일자연보호협회(NABU)의 2017년 보고서에 따르면 크루즈선의 경우 6,000명 승선을 기준으로 하루 자동차 8만 4,000대 수준의 이산화탄소가 나온다.

프랑스에서는 2021년 5월 고속철도로 2시간 30분 이내에 도착할 수 있는 거리에는 국내선 항공편 취항을 금지하는 법안이 통과되기도 했다. 우리나라는 2022년 11월 그린쉬핑 챌린지 참여를 선언하면서 미국 시애틀 타코마항과 부산항 사이에 녹색 항로를 구축하기로 했다. 로스앤젤레스-상하이, 싱가포르-로테르담에 이은 세계 세 번째 녹색 항로이다. 크루즈 선사들 역시 IMO 환경규제 등에 발맞춰 유해 물질 배출량을 2030년까지 2008년 배출량의 60% 수준으로 감축할 방침이다. 일부 선사는 한발 더 나아가 2050년까지 유해 물질 배출 제로를 추진 중이다.

이제는 크루즈 시대

문화란 천혜의 자연만으로는 만들어지지 않는다. 사람들이 만들어 낸 인공물이 훌륭하다고 얻어지는 것도 아니다. 사람들은 자연과 사람이 함께 빚어낸 이야기를 찾아다닌다.

한국은 경제협력개발기구(OECD) 38개국 가운데 10년 넘게 합계 출산율 꼴찌를 기록하고 있다. 부산은 우리나라 광역지자체 중 고령화 속도가 가장 빠른 것으로 나타났다. 과거 제조업 중심의 산업의 구조가 급변하고 인구 소멸 시대에 접어들게 되면서 잘 살아남기에 대한 고민이 깊어지고 있다.

지금 우리가 주목하고 있는 크루즈 관광산업은 호화스러운 허세가 아니다. 대한민국을 대표하는 글로벌 해양관광도시 부산의 미래를 이끌어 갈 위대하고 절실한 선택이다.

부산은 이제 막 기항지에서 모항으로 발전하고 있다. 할 일은 더 많아지겠고 미래는 더욱 밝을 것이다. 해양관광에 대한 이해와 확장이 어느 때보다 중요한 시기다.

바다와 육지, 인간과 자연. 두 세계를 '연결'해주는 크루즈에 대한민국 부산의 글로벌 해양관광 미래를 실어 띄울 차례다.

홍정화

4부

해양과학

드론, 바다 생물을 보다

인간은 한마디로 호기심 천국이다. 자기를 둘러싼 모든 환경과 다른 생명에 대해 알고 싶어 한다. 바다 생물에 대해서도 궁금한 게 많기는 마찬가지다. 하지만 인간은 아가미도, 부레도, 날개도 없다. 시력도 시원찮고 체력도 별 볼 일 없다.

다행히 인간은 자신의 신체적 한계를 보완해줄 과학기술 도구를 끊임없이 발전시켜 왔다. 지금의 해양 과학자들은 바다의 신비를 파헤치기 위해 여러 가지 과학기술을 이용한다. 그중 드

론은 최근 들어 가장 활발하게 이용되는 기술 중 하나이다. 바다 생물을 연구하는 데 드론은 어떤 역할을 하는 것일까?

잠깐, 드론이 뭐지?

드론은 한마디로 "사람을 태우지 않은 날 것" 혹은 "구조상 사람이 탈 수 없는 것 중 원격조종이나 자동조종으로 비행할 수 있는 것"을 가리킨다.

여러분이 야구장에서 드론을 봤다면 하늘에서 내려다보는 경기장의 모습을 촬영 중일 것이다. 드론은 아무 데서나 제멋대로 날릴 수 있는 게 아니다. 당연하게도 항공법에 따라 규칙을 지켜야 한다. 드론을 통해 인간은 높은 데서 아래를 내려다보는 방법을 찾았다.

하늘을 날 수 없는 신체를 지닌 인간이지만, 인류는 오랜 꿈을 이루기 위해 우주선이나 비행기, 헬리콥터를 만들었다.

그런데 이렇게 사람이 올라타고 하늘을 날려면 많은 비용과 시간이 드는 등 어려움이 따른다. 예를 들어 이륙과 착륙을 위한 넓은 터나 시설이 없다면 이런 비행체를 날릴 수가 없다. 그렇지만 더 작고 가벼운 드론이라면 간단하게 하늘 위로 갈 수 있다.

사람이 안 타는데 어떻게 "하늘에서 내려다보고 싶다"는 소원을 이루냐고? 바로 드론에 고성능 카메라를 장착하는 것이다. 드론은 사람을 직접 태우지 않고서 땅 위의 인간과 무선 통신으로 정보를 주고받으며, 인공지능으로 조종 및 자료 수집을 하면서 문제를 해결한다. 즉 드론을 이용한 바다 생물 연구는 4차산업의 발전과 더불어 활발해지고 있다.

바다 생물을 연구하는 사람

나는 갯벌의 해양 생물을 연구해

갯벌에 송송 뚫린 구멍이나 모양도 크기도 제각각인 흙구슬을 본 적 있니? 그게 바로 수많은 갯벌 생물들이 만든 흔적이야. 칠게, 엽낭게, 달랑게…. 흰이빨참갯지렁이, 두토막눈썹참갯지렁이, 털보집갯지렁이…. 가무락, 낙지, 가재붙이, 쏙…. 갯벌

은 생명의 보물창고나 마찬가지야.

그러나 갯벌 연구는 쉽지 않아. 과학자들이 가까이 가려 해도 발소리 때문에 갯벌 생물은 서식굴에 다 숨어버리지. 온몸이 푹푹 뻘에 빠지니까 카메라를 들고 있기도 힘들어. 오랜 시간 관찰하는 것도 불가능해. 밀물 때가 되면 자칫 물에 빠져 고립된다니까.

나는 극지 과학자야

극지는 북극과 남극, 아주 추운 곳이야. 우리나라는 북극에 다산 기지, 남극에 세종 기지를 세우고 극지를 연구하고 있어.

남극은 평균기온 영하 23도, 평균 얼음 두께가 2,160m로 지구상에서 가장 추운 곳이라는데, 왜 이런 곳에 연구소를 세웠을까? 남극은 지구 기후와 환경 변화의 영향이 가장 잘 드러나는 곳이야. 그래서 지구의 기후 변화를 조사하는 데 가장 적합한 곳이지.

그런데 펭귄이나 북극곰을 놀라게 하지 않으면서 조사하는 방법이 없을까? 펭귄 알의 개수를 알고 싶지만 가까이 갈 수는 없지. 바다사자를 가까이서 보고 싶다고 깨져가는 얼음 빙산 위를 과학자들이 걸어서 들어갈 수는 없어.

나는 심해생물을 연구해

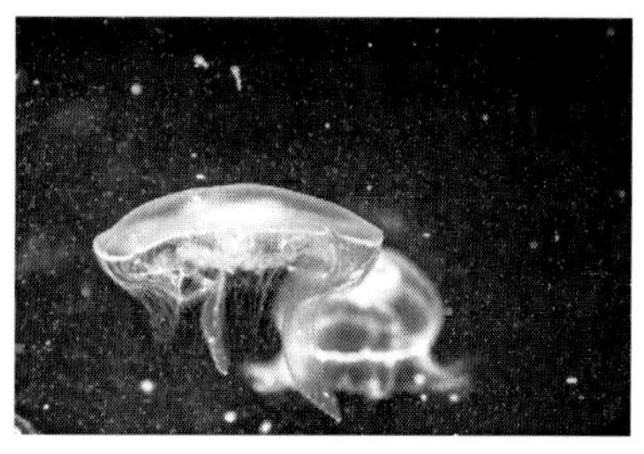

심해는 아주 깊은 바닷속, 보통 바다의 깊이가 2,000m 이상 되는 곳을 말해. 심해는 바닷물이 내리누르는 힘, 즉 어마어마한 압력이 있으며 햇빛이 그곳까지 닿지 않아 캄캄해. 그렇지만 이런 환경에 적응한 생물이 살고 있지. 눈에 빛을 내는 발광기가 달린 생물도 있고, 몸이 아예 투명한 심해생물도 있어.

그런데 심해에 인간이 들어가는 건 정말 어렵단다. 인간이 지구 밖 우주로 나간 거리보다, 지구 안 바다 밑으로 내려간 거리가 훨씬 짧은걸. 심해는 물의 압력이 매우 높아서 어지간한 잠수함을 타고 내려가기 어려워. 쇠로 만든 잠수함이 쪼그라든다고 상상하면 돼.

그래서 보통의 배보다 아주 작은 잠수정을 만들어 깊은 바다를 연구해. 정말 깊은 심해는 인간이 잠수정에 타는 것이 불가능해.

무엇보다도 심해는 인간의 손길이 닿아서 함부로 훼손되면 안 되거든. 연구를 해야 하는 과학자에게는 큰 고민이야.

드론으로 바다 생물을 연구하다

드론으로 바다 생물을 연구하면 어떤 점이 이로울지 생각해 보자.

드론을 이용한 갯벌 생물 연구의 장점은 사람이 가기 어려운 곳도 손쉽게 관찰할 수 있고, 짧은 시간에 넓은 장소를 한 번에 볼 수 있다는 점이다. 특히 두 가지 지점에서 드론은 편리하다. 용이하다.

첫 번째, 드론은 사람이 접근하기 어려운 갯벌도 탐사가 가능하다. 왜 갯벌 연구는 사람이 접근하기 어렵다고 하는 것일까. 갯벌은 하루 두 번 밀물과 썰물 현상이 생기기 때문에 사람이 갯벌에 나갈 수 있는 시간이 실제로는 얼마 되지 않는다. 달이 차고 기우는 정도에 따라 물의 높이도 시각도 달라지기

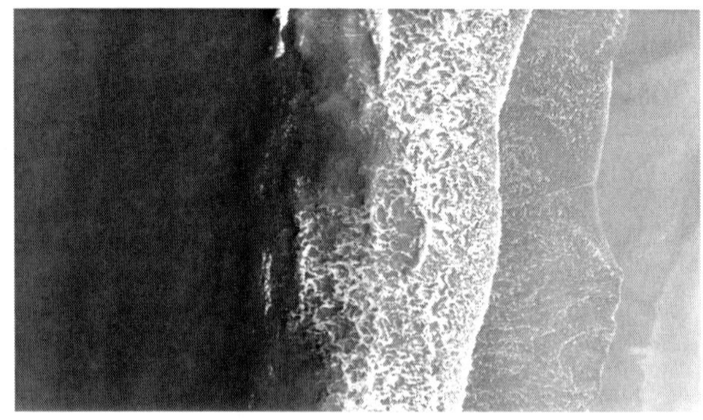

때문에 갯벌 생물을 관찰할 수 있는 시간은 아주 한정적일 수밖에 없다.

설령 딱 알맞은 시각을 알아냈다 하더라도 관찰이 필요한 곳까지 가기가 쉽지 않다. 관찰에 필요한 방형구와 뜰채, 기록 도구 등 여러 가지를 챙겨가야 하고, 갯벌까지 걸어 들어가는 데 상당한 시간이 걸리기 때문이다. 차량을 이용하면 되지 않냐고? 땅이 어느 정도 단단한 곳까지는 괜찮겠지만 본격적으로 진흙 갯벌이 시작되는 곳이라면 차 바퀴가 빠져서 오도 가도 못 하게 된다. 실제로 연구 활동을 하다가 자신의 자동차를 소금물에 흠뻑 빠지게 만든 과학자도 있다.

그런데 하늘에서 내려다보기 좋다고 헬리콥터를 이용한다면 어떨까? 무거운 실험 장비를 실을 수 있으니 좋겠다고 생각하면 안 된다. 어마어마한 소음과 진동 때문에 갯벌 생물들이 다 자취를 감추고 말 것이다. 또 갯벌에는 사람을 태운 비행체가 착륙하기도 어렵다.

드론을 이용한다면 우리가 접근하기 어려운 곳에, 갯벌 생물들에게 최대한 영향을 적게 끼치면서 살펴볼 수 있다.

두 번째, 드론은 넓은 장소를 짧은 시간에 파악하는 데 도움을 준다. 예를 들어 갯벌에 사는 저서생물의 종류와 얼마나 분포하는지를 조사한다고 치자. 갯벌은 모래가 많은 갯벌, 진흙이 많은 갯벌 등에 따라 환경이 다르고 그곳에 사는 대표적인 생물도 달라진다. 만약 강화도 갯벌의 생물에 대해 알고 싶다면,

강화도 갯벌의 특성이 무엇인지 이곳에 많이 분포한 생물은 어떤 종인지, 예전에 비해 생물의 사는 모습이 달라진 점이 있는지, 있다면 왜 그런 변화가 나타났는지 궁금할 것이다.

그런데 이런 목적에서 조사하고 싶다고 해도 그 넓은 강화도 갯벌 전체를 다 샅샅이 살펴볼 수는 없다. 그래서 갯벌 생물을 연구하는 사람들은 방형구*와 시료 채취 상자라는 도구를 사용해 일정한 지역을 연구한다.

갯벌 박사

- 가장 특징이 잘 드러날 만한 곳을 콕, 찍어서 연구해.
- 한 번만 하면 정확하지 않으니까 계절별로, 날씨별로 여러 번 조사해.
- 정확한 자료를 얻으려면 여러 번 반복해서 채집하고 통계를 내.
- 만약 생물을 채집한다면 똑같은 방법으로 일관성 있게 해야 해.
- 너무 많은 사람이 너무 오래 고생하지 않도록 적당한 조사 횟수와 양을 미리 정해.

---

* 방형구는 일정한 면적의 구획을 정하기 위한 도구이다. 방형구 안의 생물 종을 연구하거나 개체 수를 조사할 때 사용한다.

하지만 방형구를 이용한 조사는 방형구라는 틀 안의 생물만 관찰할 수 있다. 물이 들어오고 나감에 따라 갯벌이 변화하는 모습이라든지, 갯벌 생물이 뻘 밖으로 모습을 드러냈다가 다시 서식굴 안으로 들어가 버리는 모습 등을 관찰하려면 드론을 이용해 하늘에서 내려다보는 시선이 필요하다.

인공지능을 이용한 맵핑

그런데 드론으로 촬영한 영상이 아무리 많더라도 그 자료를 그대로 활용하기는 어렵다. 아주 넓은 지역의 다양한 생물을 관찰한 사진이 엄청나게 많더라도 이것을 우리가 한눈에 살펴볼 수 있는 도표나 그림 혹은 사진으로 표현되지 않으면 의미 있는 결과를 내기가 어렵다는 뜻이다.

예를 들어 갯벌의 저서생물*이 갯벌 위에 남긴 흔적, 즉 기어간 자국이나 서식굴 구멍의 입구, 갯벌을 먹고 뱉어낸 흙구슬 흔적 등을 드론으로 촬영한 사진이 있다고 치자. 촬영한 곳의 넓이가 운동장만 하다면 이 사진을 그대로 쓸 수 있을까? 책이나 컴퓨터 화면으로 옮기면 모두 조그만 점같이 보여서 아무런

---

* 저서생물은 물속에 살지만 헤엄치거나 떠다니지 않고 바닥에서 주로 사는 생물, 즉 게와 조개 같은 생물을 가리킨다.

정보도 얻을 수가 없다. 그렇다고 알아보기 쉽게 확대한다면 갯벌 전체의 모습을 살펴볼 수도 없다.

그래서 드론이 촬영한 자료를 한데 모아, 마치 한 장의 사진이나 지도처럼 구성하는 기술이 필요하다.

이해를 돕기 위해 우리가 땅의 모양을 그린 지도를 그린다고 생각해보자. 어떤 지도는 도로나 자전거길 따위만 더 강조해서 자세히 그릴 수 있다. 또 어떤 지도는 유명한 맛집들을 중심으로 지도를 그릴 수 있다.

드론으로 촬영한 자료는 인공지능을 이용해 겹치는 정보를 모으고, 의미 있는 정보는 강조하는 등 다듬고 보완하는 과정을 거친다. 수많은 종류의 저서생물의 흔적을 촬영한 사진을 모으고 이어붙여 관찰한 지역 전체의 특성을 가장 잘 나타낼 수 있는 하나의 그림 혹은 사진 같은 지도를 완성하는 것이다.

이처럼 과학자들이 수집한 정보를 합성하여 지도를 만드는 일을 맵핑(Mapping)이라고 한다. 직접 인간이 가지 않고 기계 장비를 이용한 탐사를 했을 때도 모아진 정보를 종합하여 특성을 잘 드러낼 수 있는 지도를 만든다.

갯벌의 해양 생물, 특히 저서생물의 서식지 분포에 대한 지도를 만들 때는 드론으로 촬영한 사진에 인공지능을 활용한 맵핑 기술을 쓴다.

물 속의 드론

바다 밑 땅 모양을 알아낼 때도 맵핑을 이용한다. 물 위에 뜬 배에서 바다 밑으로 전파를 보내면, 해저에 부딪힌 전파가 다시 반사되어 온다. 이 시간을 계산하면 바닥에 닿을 때까지의 거리를 알 수 있고, 이것을 모아 바다 밑 땅 모양을 알 수 있는 지도를 만드는 것이다.

그런데 아주 깊은 바다에 대한 연구는 바다 위에서만 하기 어렵다. 잠수함 혹은 잠수정을 이용해 직접 바다로 들어가야 한다. 만약 매우 깊은 바다라면 무인 잠수정, 즉 사람이 타지 않은 잠수정을 내려보낸다.

바닷속을 연구하는 대부분의 잠수정은 유선(테더 케이블)을 달고 과학자들이 조종하는 대로 움직였다. 그러나 최근에는 무선으로 자율 조종을 하는 잠수정이 개발되어 여러 연구에 쓰이고 있다. 이것을 자율 무인 잠수정 혹은 바닷속을 날아다니는 드

론 같다고 하여 수중 드론이라고 부른다.

수중 드론은 바닷속 거친 해류와 압력을 견디기 좋게 유선형의 몸체를 가지는 것이 많다. 심해의 해류를 연구한다든지, 수중 구조물의 탐험, 해양 사고시 수색과 구조 등 여러 방면에 수중 드론이 활약하고 있다.

특히 바다 생물의 생태계를 꾸준히 관찰하여 기후 변화에 따른 바다 환경 변화와 영향을 관찰할 때도 수중 드론이 이용된다.

그런데 몇 년 전 바닷속 오염을 조사하고 물속 생태를 연구하려는 목적으로 만든 로봇 물고기가 제 역할을 다 하지 못해 우리의 기대에 크게 못 미친 일이 있었다. 물속에서도 튼튼하고 오래 작동될 수 있는 드론, 바다 생물에게 영향을 최대한 끼치지 않을 수 있는 드론을 만들기 위해 공학자들은 지금도 많은 연구를 하고 있다.

드론이 해결해야 할 문제

드론을 활용해 바다 생물을 연구하려면 좋은 드론을 만드는 기술 자체도 발전해야 하지만, 배터리와 통신기술도 뒤따라야 줘야 한다.

극지 연구자는 드론을 마음껏 이용하고 싶어도 그렇게 할 수

가 없다. 눈보라가 치거나 바람이 세게 부는 날, 작은 드론을 띄우기란 사실상 불가능하다. 눈 폭풍에 귀중한 장비를 잃어버리고 제대로 된 촬영도 할 수 없기 때문이다. 다시 말해 날씨나 여러 환경 조건에 맞서 자유롭게 이용할 수 있는 튼튼한 드론 기술의 발전이 더 필요하다.

극지 연구자들은 드론 촬영 계획이 서면 배터리부터 챙긴다. 이건 다른 연구자들도 마찬가지다. 배터리는 작으면 작을수록, 용량이 크면 클수록 좋다. 그렇지만 '작으면서도 대용량'이라는 배터리의 꿈은 아직 발전 중이다. 드론은 소형 비행체이므로 무거운 배터리를 감당하기가 힘들다.

촬영할 장소까지 이동하기 전, 극지 연구자들은 자신의 생존을 위한 방한용품뿐 아니라 드론의 작동을 위한 배터리를 충분히 챙긴다. 눈보라와 싸우며 두꺼운 옷을 겹겹이 입고 무거운 배낭을 힘겹게 짊어져야 하는 것이다.

조종 미숙으로 드론을 놓치는 사례도 많다. 바닷가 도시 부산에서는 바다와 어우러진 도시 전체의 풍광을 드론으로 촬영하는 경우가 많다. 취미로 드론 촬영을 하는 사람들도 많다. 그런데 앞의 예처럼 배터리가 다 닳는 일 말고도 드론을 바다에 빠트리는 경우가 있다. 강한 바람이 갑자기 불어서, 조종자의 실수로, 드론 자체의 오작동 때문에 등등. 의외로 드론은 추락하는 빈도가 잦다.

또한 드론이 제대로 활용되려면 원활한 통신기술이 반드시 필요하다. 드론은 원격조종 혹은 드론에 탑재된 인공지능으로 자동조종을 한다. 어떤 상황에도 땅 위에 있는 인간과 통신을 주고받는 환경이 매우 중요하다. 예를 들어 밤하늘을 화려하게 수놓을 드론 쇼를 개최하기로 했다고 치자. 수많은 시민들이 멋진 모습을 친구들에게 전송하거나 자신의 개인 SNS에 올리고 싶어한다면 어떻게 될까? 서버가 충분하지 않다면 하늘에 뜬 드론들이 지상의 조종자 혹은 드론 쇼 기획자의 명령을 받을 수가 없다. 통신이 두절된 상태의 드론은 흩어지고 모이면서 하늘에 멋진 그림을 수놓기는커녕 엉뚱한 비행을 제멋대로 하게 될 것이다.

즉 지상에서 드론을 조종하는 과학자와 임무 수행을 위해 먼 거리를 비행하는 드론이 필요한 정보를 바로바로 주고받을 수 있는 통신기술의 발달이 중요한 것이다. 드론이 안전하고 효과적으로 과학 연구에 필요한 자료를 모으려면 주변 기상 상태나 환경에 대한 정보를 실시간으로 주고받는 것도 매우 중요하다. 그러므로 드론을 활용한 바다 생물 연구가 더욱 발전하기 위해서는 통신기술의 발달이 뒷받침되어야 한다.

안미란

지구온난화는 바다생물과 우리에게 어떤 영향을 줄까요?

　나는 예술가 체험단으로 남극 킹조지섬에 있는 세종과학기지에 다녀왔다. 그게 계기가 되어 청소년 열대바다 체험프로그램을 개발하기 위해 미크로네시아에 있는 한·남태평양해양연구센터를 다녀오기도 했고 예술가 레지던시로 쇄빙선 아라온호를 타고 북극연구항해에도 다녀왔다. 남극과 북극의 청정한 자연환경을 직접 느끼고 내 앞을 지나가는 펭귄을 만나기도 했으며 북극의 조그만 얼음 위에 올라간 북극곰을 보며 지구온난화를 피부로 느낄 수 있었다. 작가로서 누린 정말 특별한 체험이었다.

　남극의 빙하와 얼어붙은 북극해의 얼음, 그리고 깊은 바다 바닥에 코어를 박아 얼음과 진흙시료를 채취하

얼음 위의 북극곰 ⓒ한정기

북극해 얼음 위에서 코어시추작업을 하는 연구원 ⓒ한정기

는 연구원. 같은 장소라도 깊이가 다른 바닷물을 채취해 모으는 사람. 대기의 성분을 조사해 데이터를 만들거나 펭귄의 번식 상태와 개체수를 조사하는 연구원 등. 자기가 연구하는 분야의 시료를 채취하고 정리해 자료를 만드는 다양한 연구 활동도 지켜볼 수 있었다.

연구원들의 활동이 해양자원조사나 해양생물에 관한 연구도 있겠지만 그것 역시 궁극적으로는 모두 기후와 관련된 연구였다. 나라에서 막대한 인력과 시설을 투자해 기후를 연구하는 까닭은 우리 삶에서 기후가 차지하는 비중이 그만큼 높아졌기 때문이다. 그러나 역설적이게도 지구온난화라는 말은 이제 너

무 일상적인 용어가 되어 일
반인들에겐 그 심각성조차
무뎌진 게 아닐까 싶기도 하
다. 그러나 매년 계절을 따
지지 않고 점점 더워지는 이
상기온 현상을 지켜보며 두
려운 마음이 드는 것도 숨길
수 없는 사실이다. 지구온난
화 현상을 제대로 이해하려
면 먼저 기후에 대한 기본적
인 용어와 기후변화의 메커
니즘을 살펴볼 필요가 있다.

북극해에서 바닷물시료 채취 ⓒ한정기

일기와 기후

　일기와 기후의 사전적 정의는 다음과 같다. 일기는 짧은 시간 동안 한 장소에서 나타나는 대기상태를 말한다. 뉴스 끝 무렵 나오는 일기예보나 내일의 날씨 같은 걸 들 수 있는데 우리가 사는 도시나 마을의 오늘과 내일, 길어야 일주일 정도의 기온, 습도, 강수의 양과 형태, 바람 및 구름의 양 등을 내다보고 예보하는 걸 말한다.

기후는 적어도 30년 동안 한 장소에서 우세하게 나타나는 일기상태를 종합한 평균값을 말한다. 일기가 단기간의 대기상태를 말한다면 기후는 오랜 시간을 두고 관찰한 일기상태를 말한다.

기온이 자연현상에 의하여 오르내리는 현상을 기후변화라 하고, 인류가 배출한 온실가스에 의하여 높아졌다가 원상으로 회복되지 않는 현상을 기후변동이라고 하여 두 기후를 구별한다.

일기가 변하는 상호작용 원리

지구는 둥근 모양이라 적도 지역에서는 태양복사에너지를 더 많이 받고 극 지역에서는 적게 받게 된다. 지구를 둘러싸고 있는 대기와 해양은 적도지역의 열에너지를 양 극 지역으로 수송해 에너지의 불균형을 완화시키는데 이러한 열에너지 수송과 계절변화, 지구가 회전하므로 생기는 밤낮의 시간과 기온의 변화가 일기를 변화시키는 원인이다.

기후는 지구상의 대기권, 수권(해양과 담수), 지권(땅), 빙설권(눈과 얼음), 생물권과 같은 5가지 구성원의 상호작용으로 형성된다. 하나하나의 구성원은 서로 영향을 주고받으며 유기적으로 상호관계를 맺어 통합된 시스템을 형성한다.

지구온난화가 불러온 기후변동

　지구온난화는 지구 표면의 연평균기온이 높아지는 현상을 말하고, 기후변화는 기온이 자연적 변화(태양출력과 화산폭발)에 의하여 작은 폭으로 상승 또는 하강하였다가 다시 원상으로 회복되는 걸 말한다.

　지구기온은 20세기 후반부에 접어들어 이전과는 달리 갑자기 상승했다. 특히 1990년대에는 과거 1,000년 동안 경험하지 못했던 더운 10년을 보냈으며 21세기에 들어서는 기온이 더욱 상승한 채 하강하지 않고 있다. 지구온난화란 말은 비교적 최근에 관심을 끌기 시작했지만 지구온난화에 대한 과학적 연구는 약 150년 전부터 시작되었다. 1850년대 후반 아일랜드 출신의 물리학자 존 틴들(John Tyndall)이 여러 가지 기체의 흡수성을 연구하던 중, 대기를 이루고 있는 질소와 산소를 가시광선과 적외선이 투과하는 것을 발견하였다. 반면 이산화탄소, 메탄, 수증기 등은 가시광선을 투과시켰으나 적외선은 일부 차단하였다. 틴들은 이 실험에서 광선을 선별적으로 투과시키는 기체의 성질이 지구기후에 영향을 미칠 수 있다는 것을 알았다. 댐이 강물의 흐름을 막듯이, 대기 중의 일부 기체는 지구에서 방출되는 광선을 막아 지구의 온도를 높일 수 있다는 사실을 깨달은 것이다. 온돌방에 깔아놓은 이불이 외부로 방출되는 열을 막아 바닥을 더 따뜻하게 해주는 것처럼, 지구온난화는 지구에서 우주공간으로 방출하는 복사열이 대기 중의 온실가스에 흡수돼 마치 지구가 온실가스로 만든 이불을 덮은 것처럼 따뜻해지는 현상을 말한다.

수증기, 이산화탄소, 메탄, 아산화질소, 오존, 염화불화탄소 등은 지구온난화의 주범이 되는 기체들(온실가스)이다. 이 가운데 이산화탄소는 생물이 호흡할 때도 발생하지만 화석연료가 탈 때 많이 나오며 온실가스 가운데 수증기를 제외하면 지구온난화를 만드는 비율이 가장 높다.

지구 표면의 약 70%를 차지하고 있는 바닷물은 해류순환을 통하여 적도에서 극지로 열에너지를 수송한다. 바닷물이 이동하는 걸 해류라고 하는데 해류는 바다표면뿐만 아니라 깊은 바다 밑에서도 이동한다. 바다 밑을 흐르는 심해순환(deep water circulation)은 2,000~3,500m 깊이에서 천천히 흐른다. 북대서양에서 시작한 심해순환은 남쪽 방향으로 흘러 아프리카의 희망봉을 돈 뒤 한 갈래는 인도양으로 다른 갈래는 태평양으로 흐르면서 데워진다. 심해순환은 두 해양의 북부에서 해수면으로 솟아오른 다음 북대서양으로 되돌아가서 다시 침강하는 순환을 되풀이한다. 이처럼 연속된 해양순환을 컨베이어벨트(conveyer belt)라고 부른다.

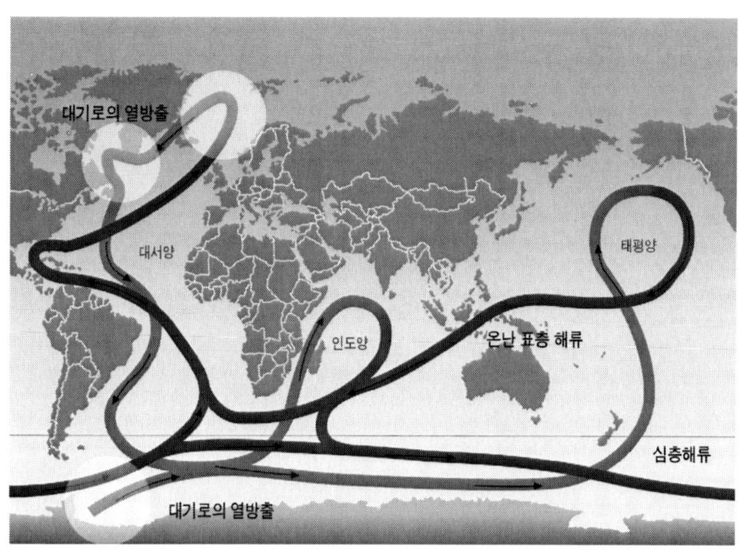

해양 심해순환의 컨베이어벨트

　해양 컨베이어벨트를 통한 해류의 순환은 위도 간 열 균형을 맞춰주는 역할을 한다. 북대서양으로 이동하는 해양 컨베이어벨트의 따뜻한 부분은 대서양 중위도에서 받는 엄청난 양의 열에너지를 북대서양 대기로 전달한다. 따뜻해진 공기는 서풍을 통해 북유럽과 서유럽으로 운반되어 겨울철 북유럽에 비교적 온화한 날씨를 만들어준다. 바다에 접해 있는 도시나 마을이 육지 가운데 있는 마을보다 따뜻한 기온을 나타내는 경우도 바로 따뜻한 바닷물의 영향을 받아 그런 것이다. 만일 바닷물의 순환이 느려지거나 멈춘다면 열에너지가 이동하지 못하여 저위도 지역의 기온은 더욱 높아지고, 고위도 지역의 기온은 더욱 낮아질 것이다. 최근에는 지구 온난화로 평균 기온이 상승하면서 수온이 높아지고, 빙하 녹은 물이 바다로 많이 들어오면서 염분이 낮아지고 있다. 이에 따라 밀도가 낮아진 극 해역의 바닷물이 잘 가라앉지 않고 있다. 과학자들은 이러한 현상이 지속되면 심해수의 흐름이 약해지고, 그에 따라 표층수의 흐름도 약해지면서 급격한 기후 변화가 올 수 있다고 경고하고 있다. 그러한 기상이변을 그린 영화가 있는데 바로 〈투모로우〉이다. 급격한 지구 온난화로 인해 남극, 북극의 빙하가 녹고 바닷물이 차가워지면서 해류의 흐름이 바뀌게 되어 결국 지구 전체가 빙하로 뒤덮이는 거대한 재앙이 닥치는 상황을 그린 환경 재앙영화인데 뉴욕의 자유의 여신상과 마천루들이 꽁꽁 얼어붙은 장면은 많은 사람들이 기상이변의 충격적인 장면으로 기억할 것이다.

1958년 하와이의 마우나로아 산에 대기 중에 들어 있는 이산화탄소의 양을 잴 수 있는 시설이 들어섰다. 마우나로아 산은 이산화탄소를 대량으로 방출하는 대도시나 공업지역과 동떨어진 곳이고, 이산화탄소 농도에 영향을 미칠 수 있는 식물이 많지 않는 장소다. 이 관측소에서 처음 1958년 315ppm이었던 이산화탄소 농도가 1993년에는 362ppm으로 증가하였다. 남극의 빙하 속에 갇혀 있던 공기방울(극지방의 얼음은 오랜 세월을 거쳐 내린 눈이 쌓이고 쌓여 그 무게 때문에 단단하고 두꺼운 얼음이 된다. 그 얼음층은 눈이 내릴 때 포함하고 있던 대기의 성분을 고스란히 간직하고 있는 타

임캡슐이다. 과학자들은 빙하에 코어드릴을 박아 얼음덩이를 수직으로 뽑아
내 기후변화를 연구한다)을 분석해 알아낸 산업화 시대 이전의 이
산화탄소 농도가 약 280ppm이었던 것에 비하면 대기 중 이산
화탄소의 농도가 얼마나 증가했는지 알 수 있다. 지구온난화
를 유발시키는 이산화탄소가 이렇게 점점 늘어나는 것은 산업
화로 인해 석유나 선탄과 같은 화석연료의 사용이 부쩍 늘었기
때문이다.

우리가 지구온난화에 대해 걱정하는 것은 단지 지구의 온도
가 올라가기 때문만은 아니다. 지구의 온도가 올라가면 우리에
게 커다란 재앙을 가져올 수 있는 여러 가지 문제들이 생긴다.
기후에 대한 기본적인 용어와 기후변화의 메커니즘을 간략하
게나마 살펴봤으니 이제 지구온난화가 불러온 기후변동이 해
양에 미치는 영향을 살펴보자.

해양수온 상승에 의한 해양생태계 변화

바닷물은 용존 산소가 풍부한 표층 해수를 심해로 운반하여
깊은 바다 속에 산소를 공급하여 생물이 살 수 있는 환경을 만
들어줄 뿐만 아니라 심층수에 많이 포함되어 있는 영양 염류
등을 표층으로 운반해 풍요로운 어장을 형성하기도 한다.

지구온난화는 해양표층수의 수온을 상승시킬 뿐 아니라 해

류의 위치와 유속을 변하게 만들고 해수의 무기영양소 함량과 층 형성도 변화시키고 있다. 이러한 변화는 바다생물의 서식과 환경에도 중요한 변화를 주게 된다. 우리나라 주변 바다에서 예전에는 볼 수 없었던 아열대성 어류가 새로이 나타나고 반대로 냉수성 어류들은 자취를 감추고 있는 것도 그 한 예다. 2009년 강원도 바다에서는 따뜻한 바닷물을 좋아하는 복어가 겨울인데도 2008년보다 무려 4배나 많이 잡혔다. 오징어도 2008년 같은 기간에 비해 3.5배가 많이 잡혔다. 반면에 찬물을 좋아하는 도루묵은 전년보다 어획량이 줄었고 대표적인 한류성 어종인 명태는 1990년대 이후 동해안에서는 거의 잡히지 않고 있다. 동해수산연구소의 조사에 따르면 2009년의 바닷물 온도가 평년보다 약 2℃ 정도 높았다고 한다. 어종의 변화뿐만 아니라 열대바다에서 볼 수 있었던 해파리와 산호를 이제는 우리나라 주변 바다에서도 쉽고 흔하게 볼 수 있다.

산호초와 지구온난화

열대바다 지역의 사람들은 오래전부터 산호초에 의지해 삶을 이어왔다. 산호초에는 지구상의 바다 속 어떤 곳보다 다양한 종류와 다채로운 형태의 생물들이 복잡하게 얽혀 살아가고 있다. 또한 거대한 산호초는 먼 바다에서 밀려오는 파도의 힘

을 감소시키는 완충지 역할
을 하며 산호초의 아름다운
풍경은 인간의 해양레저 활
동무대가 되기도 한다.

지구온난화는 산호초의
생태에도 치명적인 위협을
주고 있다. 환경단체인 그린
피스는 가속화되는 지구온
난화가 21세기 초에 오스트

환초에 둘러싸인
미크로네시아 추크섬 ⓒ한정기

레일리아의 대보초를 파괴할 수도 있을 거라고 예언했다. 강한
태풍은 수심이 얕은 곳에 서식하는 산호초를 심각하게 파괴시
킨다. 파도의 힘을 감소시키는 완충지역할을 하는 환초가 사라
지면 섬이나 열대지역 연안은 심각한 영향을 받게 된다. 뿐만
아니라 그곳에서 서식하던 다양한 해양생물의 변화나 멸종도
쉽게 상상할 수 있는 일이다.

지구온난화가 불러온 초대형 태풍

열대바다에서 생기는 열대성 저기압은 발생 장소에 따라 태
풍, 허리케인, 사이클론 등 여러 가지 이름으로 부른다. 열대성
저기압은 강한 바람과 많은 비를 동반하기 때문에 인간과 자연

2003년 태풍 매미로 인한 강한 바람에 해운대에 세워져 있던
해상관광호텔이 쓰러졌다.(『한국일보』, 2020.09.02.)

에 큰 피해를 끼친다.

태풍은 크기와 세기에 따라 나누는데 크기는 풍속15m/s(미터
퍼세컨드, 속도의 단위) 이상의 바람이 부는 반경이 얼마나 되느냐
에 따라 소형, 중형, 대형, 초대형으로 구분된다. 태풍의 세기는
최대 풍속이 얼마냐에 따라 약, 중, 강, 매우 강의 4등급으로 나누
기도 한다. 매우 강한 태풍의 경우 최대풍속이 44m/s 이상이다.

지구온난화로 인한 바닷물 온도 상승은 태풍의 위력을 결정
짓는 중요한 요인이 된다. 바닷물의 온도가 올라가면 더 많은
수증기가 증발하고 태풍에 전달되는 에너지도 커져 아주 강력
한 초대형 태풍이 만들어지기 때문이다. 기상자료에 따르면 순
간 최대풍속과 일일 강수량이 가장 높았던 태풍은 모두 2000
년 이후에 발생하였다. 2003년 9월 초속 60미터에 달하는 강풍

2005년 미국을 강타한 허리케인으로 뉴올리언스 지역 도시의 80%가
물에 잠겼다.(『머니투데이』, 2023.08.30.)

과 거대한 해일을 동반한 태풍 매미로 인해 우리나라 남해안은
큰 피해를 입었다. 매미가 지나간 뒤 피해가 큰 기장 바닷가 마
을을 가봤는데 해안근처의 횟집이나 식당의 문이나 시설은 모
두 부서지고 바다에 있던 배는 파도에 쓸려 육지로 올라와 있
었다.

지구반대편에서도 예외는 아니다. 2005년 8월에 초대형 허리
케인 카트리나(Hurricane Katrina)는 대서양에서 생성되어 멕시코
만을 가로지른 후, 2005년 8월 말에 뉴올리언스와 미국 남부 해
안의 많은 도시를 강타했다. 엄청난 폭우로 물이 불어나 강둑
이 무너지면서 1,836명이 숨지고 705명이 실종되었으며 100조
원 이상의 어마어마한 경제적 손실을 입혔다.

물속에 잠기는 나라

지구온난화로 해수면이 높아지면서 바닷가의 저지대가 물에 잠기게 된다. 태평양이나 인도양의 몇몇 섬나라들은 바닷물에 잠겨 나라 자체가 없어질 위험에 처해 있다. 남태평양의 투발루는 수면에서 고작 3미터 내외의 높이로 솟아 있는 산호초로 이루어진 섬나라이다. 또 다른 태평양의 섬나라 키리바시 같은 나라도 투발루와 마찬가지로 산호초로 된 섬나라이기 때문에 해발 고도가 약 3미터밖에 되지 않아 대피할 고지대가 없다. 이미 물에 잠긴 마을도 많고 계속 바닷물이 올라온다면 다른 나라로 이민을 가지 않고서는 살 길이 없다. 인도양의 몰디브는 우리나

남태평양 섬나라 투발루는 50년 뒤 물에 잠길 위험에 처해 있다.
(『어린이동아』, 2022.10.19.)

라 신혼부부들의 신혼여행지로 인기가 많은 아름다운 섬나라
인데 이곳도 앞으로 수몰 될 위기에 처해 있다.

지구온난화를 막을 수 있을까?

　바다는 대기와 서로 이산화탄소를 주고받는다. 바닷물 속
에 있는 식물플랑크톤이 광합성을 활발하게 해서 이산화탄소
를 많이 흡수하면 대기 중에 있던 이산화탄소는 바닷물에 녹아
들어간다. 반대로 식물 플랑크톤이 많지 않은 곳에서는 바닷물
속의 이산화탄소가 대기 중으로 방출된다. 이러한 과정을 거치
면서 바다는 지구온난화를 조절할 수 있다.

　기후가 변하면 생태계와 환경이 바뀌고 인간의 생활도 큰 영
향을 받는다. 홍수, 가뭄, 태풍, 해일 등. 강도 높아진 자연재해
로 사회적인 혼란이 일어나고 경제적으로도 큰 타격을 받게 된
다. 우리가 지금껏 누려왔던 삶의 방식(대량생산-대량소비)과 동
일한 방향으로 계속 살아간다면 지구의 평균기온은 상승될 수
밖에 없고, 우리가 사는 지구는 거주 불가능한 행성이 된다고
한다. 지구공동체는 자멸의 길로 가는 경제모델을 한시바삐 바
꾸지 않으면 안 된다. 그래서 우리의 노력이 필요한 거다. 자연
과 인류가 더불어 살 수 있는 유일한 길. 우리가 지구온난화를
일으키고 있으므로 해결책도 우리가 찾아야 된다.

가장 쉬운 일은 화석연료를 덜 쓰는 거다. 대기로 방출되는 탄소를 줄여야 한다. 버스나 지하철 등 대중교통을 이용하고 가까운 거리는 자전거를 이용하거나 걸어 다니는 것도 탄소의 배출량을 줄이는 방법이 될 것이다. 전기를 아끼면 전기를 생산하며 발생하는 탄소를 줄일 수 있다. 화석연료를 사용해 일으키는 전기 대신 탄소를 배출하지 않는 태양, 바람, 해양 등에서 신재생에너지를 생산하는 방법도 연구해야 한다. 탄소를 흡수하는 식물의 개체수를 늘이는 것도 하나의 방법이다. 무분별하게 잘려나가는 나무와 난개발로 사라지는 숲을 보존해 식물의 탄소 흡수량을 늘려야 한다. 쓰레기를 많이 발생시키는 생활패턴을 바꾸는 것, 일회용품을 줄이는 것도 지구온난화를 막는 데 효과적이다. 앞서 열거한 일들은 우리가 익히 보고 들어 모두가 알고 있는 내용이기도 하다. 그러나 머리로 알고 있는 걸 몸으로 실천하지 않는 게 더 심각한 일이다. '내 노력으로 될까?'가 아니라 '나부터 시작한다!'는 마음. 지구온난화를 막는 첫 걸음이다.

한정기

내가 GREEN 지구, 내가 품은 바다

내가 품은 바다

어릴 적 나는 인문계고등학교로 진학하고 싶었다. 하지만 바닷일로 하루하루를 살았던 집안 형편이 허락하지 않았다. 아버지 몸도 편치 않아 수입원이 전혀 없던 때였다. 나는 강릉으로 유학해야 하는 인문계고등학교는 포기할 수밖에 없었다. 만약 그때 공부에서 완전히 손을 놓거나 주문진 수산고등학교를 택하지 않았다면, 나는 지금과 전혀 딴사람이 되어 있었을 것이다. 물론 나는 그날의 선택을 후회하지 않는다. 주문진 수산고등학교 어업과에 입학함으로써 지금까지 바다와 함께한 뱃사람의 운명을 이제는 받아들인다.

나는 주문진수산고등학교 졸업을 앞둔 1977년 10월 남미 수리남으로 가는 비행기에 탑승했다. 실습항해사 신분이었다. 외국을 여행한다는 설렘보다 다시 한국으로 돌아올 수 있을까,

마르 파시 피고의 바다 태평양 ⓒ이윤길

하는 두려움이 앞섰다. 그렇게 열어젖힌 승선생활을 이어가며 3등항해사, 2등항해사, 1등항해사를 거쳐 1992년 마침내 원양어선 선장이 되었다.

만선은 모든 선장의 꿈이자 목표다. 다만 물고기 처지에서 선장은 자기네 생존을 파괴하는 악마였을 것이다. 나는 무슨 짓을 해서라도 물고기들을 그물 안에 가두거나 낚시에 걸릴 수 있도록 애쓰며 살아왔다. 그 성취감 너머 물고기가 흘린 핏물로 바닷물이 붉게 물들어 갈 때는 눈길을 돌려 애써 외면했다. 만선을 위해서였다.

그렇게 북태평양, 남태평양, 남서대서양 어장을 찾아 돌아다녔다. 태평양, 인도양, 대서양에 이어 악마의 바다라는 버뮤다와 남극수렴대까지 횡단하며 물고기를 쫓아다녔다.

뱃사람의 두 얼굴

내가 느낀 바다는 너무나 거대하고 인간의 능력으로는 무엇하나 제어할 수 없는 자연이다. 해수면이 거울면같이 잔잔할 때면 고요함이 온몸을 짓눌렀고, 폭풍이 성질을 부리며 불어오기 시작하면 솟구치는 파도 끝에서 미끄러지는 몸의 중심을 유지하기도 힘들었다.

조업에 열중하다 보면 악천후를 만난 어느 배가 남아프리카 끝단에서 두 조각으로 갈라지며 침몰한다거나, 대서양을 항해하던 중 갑판을 덮친 파도에 선원들이 바다로 쓸려 들어가고만 어느 배의 슬픈 이야기가 들리곤 했다.

그런데도 내가 그 시절을 견뎌낼 수 있었던 까닭은 만선에 대한 집착 때문이다. 물고기들을 차곡차곡 어창에 채워 넣어 만선을 달성하면 그날로 귀항하여 가족들과 만날 수 있다는 기대와 기쁨이 파도 너머로 일렁였다.

뭍으로 돌아가고 다시 물로 나서기를 반복하며 보낸 세월, 그 끔찍하고 악몽 같은 고통도 시간이 흘러가며 희미해지고 어느덧 은퇴를 고민할 시간이 다가왔다. 나는 태풍과 싸우거나 물고기를 쫓아가며 바다와 함께 살아온 뱃사람이었기에 바다를 벗어나는 하선에 고민이 깊어질 수밖에 없었다. 그때 수산과학원에서 국제옵서버를 모집한다는 정보를 얻었다. 국제기구나 국가를 대신하여 원양어선의 불법 조업을 감시하고 해양생태 자료를 수집하는 역할이었다.

나는 바다 지킴이 국제옵서버에 지원했다. 그러나 막상 들여다보니, 국제옵서버가 되기란 쉬운 일이 아니었다. 그동안 물고기를 잡으며 바다를 파괴하는 일에 선수였던 만큼 바다의 자원과 생태를 지키고 수산생물을 보호하는 일은 서투를 수밖에 없었다.

나는 바다를 보호하는 내용의 책이라면 무조건 사들여서 읽기 시작했고 수산생물 데이터를 처리하기 위하여 컴퓨터 학원까지 등록했다. 그런 노력의 결과로 두 번의 도전 끝에 자격 검정시험을 원만히 통과하여 국제옵서버가 되었다.

국제과학옵서버가 하는 일

선박안전법 시행규칙 제15조는 항해의 종류를 평수구역, 연해구역, 원양구역으로 분리하고 권리상으로는 영해와 공해로 구분하는데 공해에 원양구역이 포함된다.

원양은 주권이 전혀 미치지 못하는 바다다. 하지만 인류 미래 자원의 지속적인 관리와 보호를 위하여 여러 나라가 참여해서

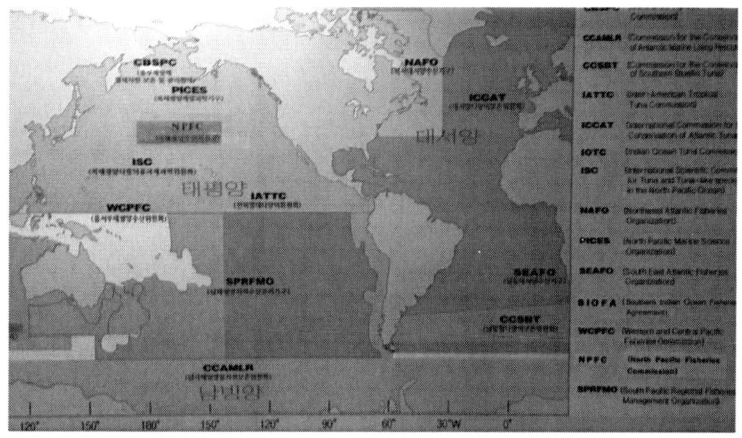

국립수산과학원 해역별 국제기구 홍보자료

국제기구를 창설하고 어법별 자원보존조치를 정해 국제옵서버를 파견하여 관리한다.

국제옵서버는 주로 우리나라 또는 외국의 원양어선이나 시험선에 승선하여 여러 사항을 확인한다. 첫 번째, 항해 및 어획 장비 그리고 어구의 구성, 물고기 미끼의 상태와 종류 등 어장의 환경을 조사한다. 두 번째, 어떠한 어종이 잡혔는지 잡힌 물고기의 어획량을 산출하고 목표로 삼지 않은 부수어획의 폐기량 등 어획량 비교 조사한다. 세 번째, 어종별 생물학적 생체자료를 수집하고 이와 함께 어획 가능한 어획량 및 어획 쿼터 소진량의 확인을 수행한다.

해역별 국제기구에서는 공해상 수산자원의 지속적 어획을 위하여 국제규정을 수립하고 있다. 우리나라도 2002년부터 태

평양, 인도양, 대서양 그리고 남극해역에서 조업하는 원양어선
에 국제옵서버를 파견하여 국제기구와 함께 활동하고 있다.

남서대서양으로 첫 출장

'메로'라는 물고기가 있다. 메로구이의 그 메로다. 정확한
이름은 파타고니아이빨고기인데 이름에서 알 수 있듯이 이
물고기가 서식하는 곳은 파타고니아해역 주변이다. 파타고니
아는 라틴아메리카의 끝단 남위 40도 이남을 통틀어 부르는
지명이다.

국제옵서버가 되고서 첫 번째 출장으로 남위 40도 이남의 파
타고니아해역에서 파타고니아이빨고기를 어획하는 조업선에
승선했다. 조업선은 우루과이 몬테비데오를 기지항으로 삼고
남위 70도 남극해까지 출어하는 배들이었다.

어획되는 물고기 모두 생물학적 측정을 해야 한다. 체장, 체
중, 성별, 성숙도, 먹이 등을 조사하고 과학적 시료를 위해서 무
작위로 머릿속 이석을 수집했다. 이석은 물고기 머리에 있는 작
은 돌조각으로 마치 나무의 나이테처럼 그 물고기가 자라온 환
경을 알 수 있는 귀중한 자료다. 그리고 해저의 바닥에서 갑판
으로 올라오는, 취약한해양생태계(VMEs, Vulnerable Marine Ecosystem
Observations)로 보호받고 있는 수산생물이 부수어획되는 현황을

체장을 측정하기 전 파타고니아이빨고기 ⓒ이윤길

조사하고 관찰했다.

또 혹시라도 있을 조업선에서의 쓰레기 투기 등을 단속했으며, 근처 해역에 있는 포클랜드 제도의 앨버트로스 집단 서식지에서 먹이를 구하기 위해 물고기 미끼를 탈취하려다 우발적으로 낚시에 걸린 앨버트로스가 있는가를 관찰했다.

소설가 김훈은 "시간은 과거로 향해가는 것이 아니라 미래가 흘러오는 것이라고" 했다. 무릇 나에게 흘러온 삶의 시간이 그러하고 앞으로 흘러갈 미래의 삶도 같다는 의미다. 나의 삶은 원양어선 선장이었을 때나 국제옵서버일 때나 모두 바다에 있다.

대왕오징어를 만나다

　페루에서 포타라고 부르는 대왕오징어이다. 남태평양지역수산관리기구(SPRFMO)가 관리하는 페루의 배타적경제수역 200해리 밖에서 우리나라 국적의 원양어선이 오징어채낚기어법으로 잡는다.

　대왕오징어는 이름처럼 크기가 어마어마하다. 배에서는 체장이 큰 대왕오징어를 묵은지라고 불렀는데 그러한 대왕오징어는 몸통 크기가 2m 이상이고 체중은 200kg이 훌쩍 넘어갔다. 대왕오징어는 낚시에 걸려서 해수면 밖으로 나오는 순간 정확하게 사람의 얼굴을 향해 주둥이로 물을 분출하기도 한다. 만약 그 분사되는 물줄기에 맞으면 아픈 것은 말할 것도 없고 수

낚시에 걸려서 어획되는 대왕오징어 ⓒ이윤길

분간은 정신을 차릴 수 없었다. 그러다 정신을 잃고 바다로 추락한 사건도 있었다.

오징어채낚기어법에 사용되는 낚시는 미끼가 없는 흘림낚시인데 특이하게 페루수역에서 대왕오징어 어로작업은 미끼를 사용하지 않으면 어획을 기대하기 어렵다.

동족까지 뜯어먹는 대왕오징어의 잡식성 식이습성을 이용하여 미끼는 일찍 잡아 잡아놓은 대왕오징어의 주둥이와 내장을 사용하고 때때로 살점까지 잘라 쓴다. 그러다 숨이 끊어지지 않은 대왕오징어에게 물릴 뻔하기도 했다.

대왕오징어의 이빨에는 독이 있다. 한번 물리면 괴사가 일어나 배에서 치료하기가 어려웠다. 마치 전설 속에 등장하는 크라켄처럼 어획한 대왕오징어가 갑판에서 이빨을 딱딱 부딪치며 헛바람을 푸푸 불어내면 선원들은 두려움을 느껴 그놈에게는 접근을 꺼렸다.

인도양의 고도 세이셸로

한국의 수산업이 폭발적으로 발전하던 시절에는 인도양으로 출어하던 원양어선이 수백 척에 달했지만, 지금은 인도양 중부에 있는 세이셸섬(Seychelles)을 기지항으로 삼고 조업하는 다랑어선망선 몇 척밖에 남지 않았다.

조사선에 부수 어획된 만타가오리 사진 ⓒ이윤길

다랑어선망이란 커다란 그물을 이용하여 다랑어를 포위하고 한꺼번에 많이 잡는 어법으로서 참치캔을 만드는 가다랑어를 주요 목표종으로 어로작업을 하는 배였다. 인도양 다랑어선망은 대부분 '빠야오'라고 불리는 FAD조업으로 이루어진다. FAD는 야자수 잎이나 대나무, 그물 등으로 만드는데 바다를 정처 없이 떠다니는 나무등치라 생각하면 된다. 그 밑에 작은 물고기들이 모여들면 다시 최고 포식자인 다랑어가 모이는 먹이사슬의 생리를 이용해 어획하는 것이다.

FAD는 부력이 좋다. 수면으로 떠오르면 경쟁 조업선에게 발견되기 쉬우므로 수면 1~2m 내려앉도록 표류시키고 수면에는 부이 몇 개만 노출 시키는데 표류시킨 FAD를 인공위성으로 추적할 수 있도록 만든 장치가 ACTIVITY BUOY이다. 이 부이를 이용해서 유효기간이 끝난 FAD를 수거하는데 제때 수거하지 못한 FAD는 바다를 떠도는 쓰레기가 된다. 따라서 FAD 수거가 제때 완료되는지를 살펴야 한다.

그뿐만 아니라 인도양참치위원회 IOTC가 수산생물 보존조치로 정해놓은 규칙들이 성실하게 수행하고 있는지도 살폈다. 이를테면 어로작업 중 함께 어획된 돌고래 같은 해양포유류, 고래상어라든지 만타가오리 같은 보호종이 어획되면 선원들과 힘을 합쳐 재빨리 바다로 돌려보내도록 조치했다. 그리고 부비류와 같은 바닷새가 우발적으로 그물 안으로 들어와 사망한 것을 관찰하며 혹시라도 있을지 모를 불법, 비보고, 비규제조업선 IUU(Illegal, Unreported and Unregulated) 선박을 감시했다.

다랑어연승선의 과학조사

태평양에는 7개의 국제기구가 설치되어 있다. 국제옵서버는 한국 다랑어연승선이 주로 출어하는 중서부태평양수산위원회 WCPFC와 전미다랑어열대위원회 IATTC해역으로 출장을 나간다. 남태평양을 크게 150 서경을 기준으로 둘로 나누었을 때 동쪽이 IATTC 해역이 되고 서쪽이 WCPFC 해역이라 생각하면 된다.

태평양이나 대서양이나 인도양이나 지역은 달라도 바다를

눈다랑어의 처리 장면 ⓒ이윤길

지키는 일은 모두 같다. 맑고 깨끗한 바다를 유지하고 수산생물을 보호해야 한다. 태평양에서 국제옵서버가 최우선으로 삼는 활동 목표는 수산자원관리를 위한 생물학적 조사 및 자료수집과 혼획되는 보호종의 보호다. 보호종으로 분류되는 생물에는 낚시에 혼획이 되는 돌고래류와 사치라고 부르는 파일럿고래류 그리고 바닷거북과 상어류 등이 있다.

샥스핀이란 고급 요리가 있다. 상어 지느러미에서 나오는 당면 같은 힘줄로 만들던 음식이다. 일부 뱃사람들이 지느러미를 얻기 위해 무차별적으로 상어를 잡아 지느러미만 자르고 몸통은 버리는 일이 잦았다. 국제적으로 성토하는 여론이 생겨났고 이에 상어를 보호하고자 한국선적의 다랑어연승선들은 상어 어획을 금지했다. 국제옵서버들은 혹시 있을지도 모를 상어 지느러미 절취 행동을 감시하기도 한다.

이러한 수산생물의 보호 활동 이외에도 옵서버들이 수집하는 수산생물의 과학적 데이터는 그 해역의 수산생물자원 관리 시료가 된다. 같은 해역에서 조업하는 한국선적 다랑어연승선이 다음 해에 조업하는 쿼타량에도 영향을 미치고 국력과도 밀접한 관계가 있다. 그린 지구를 위하여 국제사회에 헌신하므로 대한민국 국격이 높아지고 그에 따르는 국가적 이익도 발생하는 까닭이다.

꿈꾸던 남극해에서 조사활동

선장을 하면서 그리고 과학옵서버가 되어서 한국 선적의 원양어선이 있는 바다는 모두 가보았지만, 남극해는 가보지 못했

남극해 로스해에서의 조사 활동 중에 ⓒ이윤길

다. 포클랜드 오징어채낚기 선장을 하면서 뉴질랜드에서 칠레 끝 혼곶(Cape Horn)을 거치는 남극수렴대는 통과해본 적이 있다. 그러나 진짜 뱃사람이라면 남극해의 로스해나 웨델해 정도는 항해한 경험이 있어야 했다.

마침내 그런 기회가 왔다. 한국 세종과학기지가 있는 남극반도 주변 해역에서 크릴을 어획하는 조업선으로 출장이 떨어졌다. 조사선이 유빙에 수일간 고립되는 등 밤마다 배를 조여오는 유빙의 압력에 위협을 느끼기도 했지만, 비로소 남극 출장으로 진짜 바다의 사람이 됐다는 기쁨이 앞섰다.

남극해에서 조사한 수많은 수산생물 중 빙어라는 물고기가 생각난다. 우리나라 호수에 사는 그 빙어가 아니라 동해에서 어획되는 성대와 비슷하게 생긴 물고기다. 표피는 검은색인데 살점은 우윳빛이며 살점에는 핏물이 전혀 보이지 않았다. 그러면서도 생선회 맛은 기가 막혔다. 참으로 신기한 물고기였다.

이렇게 특별한 경험을 겪으며 바다에 삶을 빚졌으나, 이 빚을 청산하는 일이야말로 수산생물을 보호하며 바다를 지키는 일이라고 믿는다. 그간 바다 지키기를 실천하기 위해서 태평양, 대서양, 인도양으로 출장을 다녔다. 그러다 보면 내가 바다인지 바다가 나인지 헷갈릴 때가 있다. 아무튼, 내가 바다를 품은 것만큼은 분명한 사실이다.

이윤길

참고문헌

자산어보로 떠나는 바다여행

김영규,『수변정담-읽을수록 재미나는 수산물이야기』, 국립수산과학원,
　　2005.
김준,『물고기가 왜?-청소년을 위한 바다 인문학』, 이후, 2016.
서영상 외 13명,『신 자산어보』, 아카데미서적, 2015.
임현,『귀여워서 또 보게 되는 물고기도감-알아두면 꽤 행복해질 현대판
　　자산어보』, 브레인스토어, 2021.
정약전,『자산어보-조선의 바다를 품은 해양 생물 백과사전』, 파란자전거,
　　2018.
정약전,『자산어보』, 서해문집, 2016.

멸치의 꿈

김수희,『근대의 멸치, 제국의 멸치』, 아카넷, 2015.
정약전,『자산어보』, 서해문집, 2016.
유미정,『멸치의 꿈』, 달그림, 2020.
이주홍,『멸치』, 지경사, 2001.
천미진,『멸치 대왕의 꿈』, 키즈엠, 2019.
황선도,『멸치 머리엔 블랙박스가 있다』, 부키, 2013.
〈서울신문〉 나우뉴스 2020.05.14. '멸치는 고대포식자였다… 송곳니 지닌
　　고대 종 발견'

한국학자료 통합플랫폼(http://kdp.aks.ac.kr/gubi) (검색일자: 2024.04.22.)

15소년 표류기

쥘 베른,『15소년 표류기』, 비룡소, 2019.
송지연,「로빈슨 크루소 다시 쓰기2 – 쥘 베른의『15소년 표류기』와
　　　골딩의『파리대왕』의 탈식민주의적 읽기」, NRF KRM(Korean Research
　　　Memory), 2017.
이정욱.「쥘베른의 생애와 업적」, 부산대학교, 2011.

낙동강 하구의 쇠제비갈매기를 구해줘!

윤성규 · 우한준 · 박성배 · 신원태,『강과 바다가 만나는 곳, 하구이야기』,
　　　아이세움 · 환경수산부, 2007.
국립생태원 블로그(https://blog.naver.com/nie_korea/221580704917)
　　　(검색일자: 2024.04.20.)
낙동강하구에코센터 홈페이지(https://www.busan.go.kr/wetland/index)
　　　(검색일자: 2024.04.20.)
부산광역시『2022년 쇠제비갈매기 서식 복원지 사후 모니터링 용역』
　　　(검색일자: 2022.09.)
부산지오파크 홈페이지(https://www.busan.go.kr/geopark/index) (검색일자:
　　　2024.04.20.)
〈경향신문〉 2022.12.30. '낙동강 하구 사상 최대 난개발 위기'
　　　습지와새들의친구 5대 환경뉴스 선정
〈연합뉴스〉 2022.06.30. 낙동강 하구, 여름 철새 '쇠제비갈매기' 번식지로
　　　부활
〈부산일보〉 2018.08.16. '쇠제비갈매기야, 낙동강 도요등으로 와'
〈오마이뉴스〉 2020.08.07. [박중록의 습지와 새 이야기] 낙동강하구를

떠나는 쇠제비갈매기

〈KBS 다큐멘터리〉 2022.09.09. KBS 1TV 오후 7시 방영 'KBS스페셜
　　쇠제비갈매기의 귀향'

〈오마이뉴스〉 2014.07.24. '철새도래지' 낙동강 하구, 새들이 사라지고 있다

위대한 한국의 갯벌

구본주 · 유주형,『갯벌, 인공지능과 드론으로 연구하다』, 지성사, 2022.

이혜영,『갯벌, 무슨 일이 일어나고 있을까?』, 사계절, 2004.

윤현석,『소년, 갯벌에서 길을 묻다』, 뜨인돌, 2011.

최미희 외,『갯벌가치의 상대적 비교 및 우리 갯벌의 가치조사』,
　　해양수산부, 2003.

해양수산부, 해양환경공단,『갯벌 세계자연유산 국제 심포지엄, 한국의
　　갯벌의 효과적인 보전 관리방안 모색』, 2024.

한국산업경제연구원,『제4장 영산강N단계개발사업에 따른 해양생태계의
　　변화분석』, 1998, 229-358.

해양수산부,「우리나라 갯벌 복원 이렇게 바뀐다」, 보도자료, 2016.04.04.

해양수산부,「우수한 '한국의 갯벌' 효과적인 보전 관리방안 모색한다」,
　　보도자료 2024.04.16.

해양수산부,「세계자연유산 '한국의 갯벌' 통합관리 잰걸음」, 보도자료,
　　2021.10.14.

국토해양부,『한국의 갯벌』설명책자, 2011.10

해양환경정보포털(https://www.meis.go.kr/portal/main.do) (검색일자:
　　2024.04.08.)

우리바다의 海피소드, 해양수산부 공식 블로그(https://blog.naver.com/korea
　　mof/222969925567?trackingCode=blog_bloghome_searchlist) (검색일자:
　　2024.04.09.)

울산항만공사 공식 블로그(https://blog.naver.com/ulsan-

port/221394058004) (검색일자: 2024.04.11.)
kbs 환경스페셜(https://www.youtube.com/watch?v=TE5pB7D-wrY)
　　(검색일자: 2024.04.20.)

푸른바다거북은 어쩌다 비닐을 삼켰을까?

아나 페구 · 이자베우 밍뇨스마르칭스, 『바다의 생물, 플라스틱』,
　　살림어린이, 2020.
윌 맥컬럼, 『플라스틱 없는 삶』, 북하이브, 2019.
유영진 · 이주항, 『미세 플라스틱 수사대』, 좋은꿈, 2020.
이동학, 『쓰레기책』, odos, 2020.
이민정, 「환경문제, '플라스틱 분해 첨가제'가 대안 될 것」, 『플라스틱
　　사이언스』 2024년 3월호.
이소베 아츠히코, 『해양 플라스틱 쓰레기 문제의 진실』, 전남대학교 출판부,
　　2022.
홍선욱 · 심원준, 『바다로 간 플라스틱』, 지성사, 2020.
이종해, 「해양쓰레기를 활용한 업사이클링 디자인에 관한 연구-
　　폐어망과 폐플라스틱 활용을 중심으로」 부경대학교 일반대학원
　　마린융합디자인공학과, 2024.
김보람 · 유근제 · 이혜진 · 김태일, 『해양플라스틱 쓰레기가 선박 운항에
　　미치는 영향 분석 연구』, 한국해양수산개발원, 2021.
국립생태원 블로그(http://www.nie.re.kr), '장 속에 플라스틱이…
　　바다거북은 왜 '죽음의 식사'를 할까?' (2022. 8. 31.)
〈내일신문〉, 2023.05.02. '해양쓰레기 없는 바다, 함께 풀어야 할 과제'
〈서울신문〉, 2020.05.17. '변비 걸린 바다거북, 알고 보니 비닐봉지 '꿀꺽'…
　　플라스틱 재앙'
〈중부매일〉, 2020.02.26. '쓰레기 섬(The Trash Isles)'
〈중앙일보〉, 2023.10.17. ''장수 상징' 푸른바다거북 사체 발견… 낚시바늘

박힌 채 죽었다'

낙동강하구 생태관광이란?

송교욱 · 우석봉,『낙동강하구역 생태관광 활성화 방안』, 부산발전연구원,
　　2011.

안병철,『Eco-tourism+26: 국내 생태관광 유형과 프로그램』, 에듀팩토리,
　　2019.

임호,『부산권 생태관광산업 육성방안에 관한 연구』, 부산발전연구원,
　　1999.

제종길 외,『무크에코플러스』, vol. 04, 국립생태원, 2022.

하종덕,『낙동강하구 생태관광 진흥방안』, 홍성인쇄, 2005.

〈국제신문〉 2019.01.17. '낙동강하구를 생태 자산으로 〈4〉 하구 생태탐방
　　현주소'

https://www.busan.go.kr/wetland/index (검색일자: 2024.03.30.)

https://terms.naver.com/entry.naver?docId=3607385&cid=43667&category
　　Id=43667 (검색일자: 2024.03.30.)

https://terms.naver.com/entry.naver?docId=2823917&cid=55780&category
　　Id=56322 (검색일자: 2024.03.30.)

https://terms.naver.com/entry.naver?docId=2823923&cid=55773&category
　　Id=55918 (검색일자: 2024.03.30.)

https://www.me.go.kr/wonju/web/index.do?menuId=10143 (검색일자:
　　2024.03.30.)

https://www.kookje.co.kr/news2011/asp/newsbody.asp?code=0300&k
　　ey=20190118.22015005145 (검색일자: 2024.04.29.)

중국의 해양관광-바다로 뛰어든 별을 찾아서

김태만 외 3인,『쉽게 이해하는 중국 문화』, 다락원, 2011.
중국주서울관광사무소 http://visitchina.or.kr/m/info/info02.asp(검색일자
    2024.03.13.)
『네이버 지식백과』중국의 4대 요리 (중국에서 보물찾기, 2004., 곰돌이 co.,
    강경효)
『네이버 지식백과』상하이해양수족관, 동방명주탑, 중국요리, 상하이,
    칭다오 관광지
『네이버 지식백과』해양관광(해양수산 용어사전, 2020.5.)
해양수산부 보도자료 2024.01.09. '해양레저관광산업 육성을 위한
    근거법령 마련'
〈아주경제〉, 2015.12.02. '중국 칭다오 국제 관광 레저 도시 되자'
대한민국 정책브리핑(www.korea.kr) 2019.07.31. '먹고 · 보고 · 즐기고…
    바다에서 충전하는 여름휴가'

부산의 해양관광-크루즈와 함께 여행을 떠나요

권마담,『나는 100만원으로 크루즈 여행 간다』, 미다스북스, 2019.
김부기,『선박의 이해』, 한국해양과학기술원, 2022.
김성귀,『해양관광론』, 보문각, 2023.
송교욱 외,『신해양경제 시대를 선도하는 부산의 발전전략』,
    부산발전연구원, 2013.
이승도 외,『나를 위한 최고의 선물 크루즈 여행』, 도서출판SUN, 2022.
한국해양수산개발원,『MZ세대 소비트렌드를 반영한 해양관광 추진방안
    연구』, 2020.
김선우, 관광벤처기업대표 브런치스토리.
〈부산일보〉, 2024.04.16. '줄 잇는 입항 행렬 부산 크루즈 관광 기지개'

〈경향신문〉 2023.01.23. ''녹색 크루즈여행' 가능해질까'
부산광역시, 해양수산청, 한국관광공사, 부산관광공사 홈페이지 및 대표
    블로그.

드론, 바다생물을 보다

구본주 · 유주형, 『갯벌, 인공지능과 드론으로 연구하다』, 지성사, 2022.
김현철, 『극지과학자가 들려주는 드론 이야기』, 지식노마드, 2020.
우종식 외, 『수중 드론이라 불리는 자율무인잠수정』, GS인터비전, 2020.
〈제주환경일보〉, 2022.06.26. 제주 · 전남 연안에 괭생이모자반 유입 가능.
    주의 당부
〈뉴스라인 제주〉, 2021.03.29. 드론으로 해양 생물 등 자연 문화재 근접
    모니터링 진행
https://followingtheartflow.tistory.com/66 해양공학의 혁명: 수중 드론의
    잠재성 (검색일자: 2024.01.20.)

지구온난화는 바다생물과 우리에게 어떤 영향을 줄까요?

김준호, 『어느 생물학자의 눈에 비친 지구온난화』, 서울대학교출판문화원,
    2015.
김웅서, 『포세이돈의 분노』, 지성사, 2010.
현상민 · 강정원, 『탄소. 해양. 기후』, 에이퍼브, 2023.
한정기 · 박흥식, 『바다의 정글 산호초』, 지성사, 2008.
장순근 · 이재학, 『극지와 인간』, 한국해양과학기술원, 2013.
이재학, 『기후변화와 바다』, 지성사, 2023.
임학수 · 주현희, 『바다는 언제 가장 위험할까?』, 지성사, 2023.

사진출처

자산어보로 떠나는 바다여행

그림 김하영

멸치의 꿈

〈문화일보〉 2022.05.18. (사진: 기장군 제공)
〈서울신문〉 나우뉴스 2020.05.14. ‘멸치는 고대포식자였다…송곳니 지닌
　　고대 종 발견’(사진=조슈아 크누페)
Pexels
이주홍문학관 홈페이지

15소년 표류기

〈동아일보〉 2005.03.24. ‘‘해저2만리’ 작가 쥘 베른 100주기’
『15소년 표류기』, 비룡소(2019)

낙동강 하구의 쇠제비갈매기를 구해줘!

부산지오파크 홈페이지(www.busan.go.kr/geopark/index)
네이버 지식백과
낙동강하구에코센터(www.busan.go.kr/wetland/index)

Google Earth Pro

게티이미지뱅크

푸른바다거북은 어쩌다 비닐을 삼켰을까?

캔바(유료회원)

〈KBS스페셜 플라스틱 지구〉

DAL&MIKE 홈페이지

해양환경관리공단

보얀 슬랫 트위터(X)

해운대구청

낙동강 하구 생태관광이란?

https://www.kogl.or.kr/recommend/recommendDivView.do?recommendIdx=8
    245&division=img

https://www.kogl.or.kr/recommend/recommendDivView.do?recommendIdx=3
    327&division=img

https://www.kogl.or.kr/recommend/recommendDivView.do?recommendIdx=3
    6547&division=img

https://www.kogl.or.kr/recommend/recommendDivView.do?recommendIdx=3
    6994&division=img

https://www.kogl.or.kr/recommend/recommendDivView.do?recommendIdx=3
    258&division=img

https://www.kogl.or.kr/recommend/recommendDivView.do?recommendIdx=6
    94&division=img

https://www.kogl.or.kr/recommend/recommendDivView.do?recommendIdx=1
    4984&division=img

https://www.kogl.or.kr/recommend/recommendDivView.do?recommendIdx=3

4075&division=img

https://www.kogl.or.kr/recommend/recommendDivView.do?recommendIdx=5
8802&division=img

https://www.kogl.or.kr/recommend/recommendDivView.do?recommendIdx=3
3967&division=img

https://www.kogl.or.kr/recommend/recommendDivView.do?recommendIdx=3
3884&division=img

https://www.kogl.or.kr/recommend/recommendDivView.do?recommendIdx=1
8151&division=img

https://www.kogl.or.kr/recommend/recommendDivView.do?recommendIdx=1
4975&division=img

https://www.kogl.or.kr/recommend/recommendDivView.do?recommendIdx=1
4121&division=img

https://www.kogl.or.kr/recommend/recommendDivView.do?recommendIdx=1
7806&division=img

https://www.kogl.or.kr/recommend/recommendDivView.do?recommendIdx=1
5101&division=img

https://www.kogl.or.kr/recommend/recommendDivView.do?recommendIdx=3
033&division=img

https://www.kogl.or.kr/recommend/recommendDivView.do?recommendIdx=1
7828&division=img

https://www.kogl.or.kr/recommend/recommendDivView.do?recommendIdx=1
8150&division=img

https://www.kogl.or.kr/recommend/recommendDivView.do?recommendIdx=1
5456&division=img

중국의 해양관광- 바다로 뛰어든 별을 찾아서

캔바 유료 구입

부산의 해양관광- 크루즈와 함께 여행을 떠나요

한국관광공사
로얄캐리비안 인터내셔널
매일경제신문
부산항만공사
fx24, Unspalsh

드론, 바다생물을 보다

게티이미지

지구온난화는 바다생물과 우리에게 어떤 영향을 줄까요?

사진 한정기
한국해양과학연구원
『한국일보』(2020.09.02.) '매미가 몰고 온 강풍에 침몰된 해운대구 우동
　　페리스 플로텔 해상관광호텔'
『머니투데이』(2023.08.30.) '도시 80% 침수, 하늘엔 지붕이 획획… 1800명
　　사망, 美 최악 허리케인『뉴스속오늘』'
『어린이동아』(2022.10.19.) '50년 뒤 물에 잠기는 나라 투발루'

내가 GREEN 지구, 내가 품은 바다

사진 이윤길
국립수산과학원